U0266937

节气手帖

蔓玫的蔬果志

JIEQI SHOUTIE
MANMEI DE SHUGUO ZHI

三候草木萌动气温回升
二候鸿雁来
初候獭祭鱼
冰雪散化为水
降雨增多
春笋萌发 菜花始盛

三候草木萌动气温回升
二候鸿雁来
初候獭祭鱼
冰雪散化为水
降雨增多
春笋萌发 菜花始盛

长江出版传媒　湖北科学技术出版社

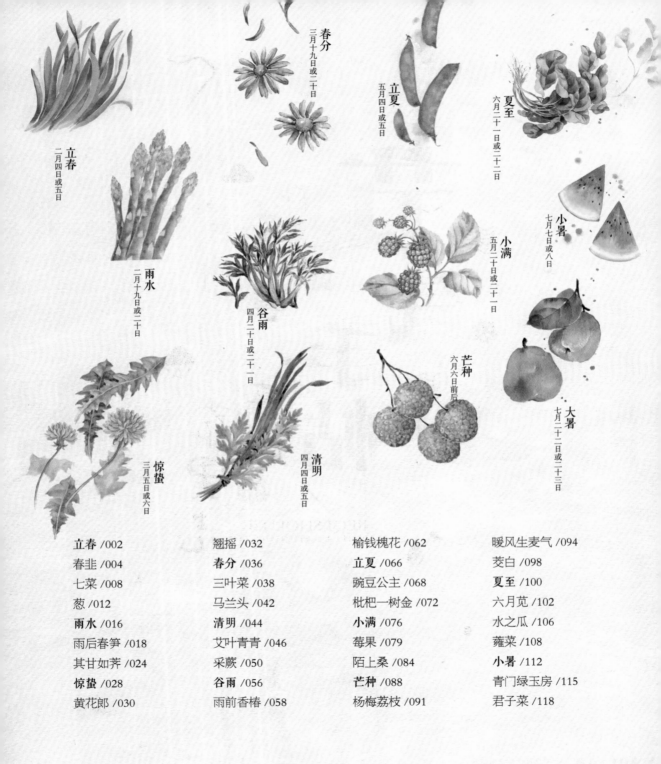

立春
二月四日或五日

雨水
二月十九日或二十日

惊蛰
三月五日或六日

春分
三月十九日或二十日

清明
四月四日或五日

谷雨
四月二十日或二十一日

立夏
五月四日或五日

小满
五月二十日或二十一日

芒种
六月六日前后

夏至
六月二十一日或二十二日

小暑
七月七日或八日

大暑
七月二十二日或二十三日

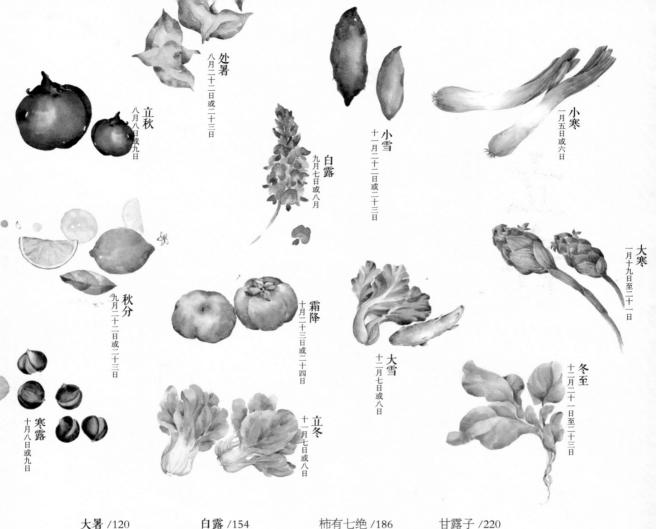

处暑
八月二十二日或二十三日

立秋
八月八日或九日

白露
九月七日或八月

小雪
十一月二十二日或二十三日

小寒
一月五日或六日

大寒
一月十九日至二十一日

秋分
九月二十二日或二十三日

霜降
十月二十三日或二十四日

大雪
十二月七日或八日

冬至
十二月二十一日至二十三日

寒露
十月八日或九日

立冬
十一月七日或八日

目录

立春

赏春梅等习俗

或春饼

有祭祀春神 食春卷

为一年之首

古时立春即春节

三候鱼陟负冰

二候蛰虫始振

初候东风解冻

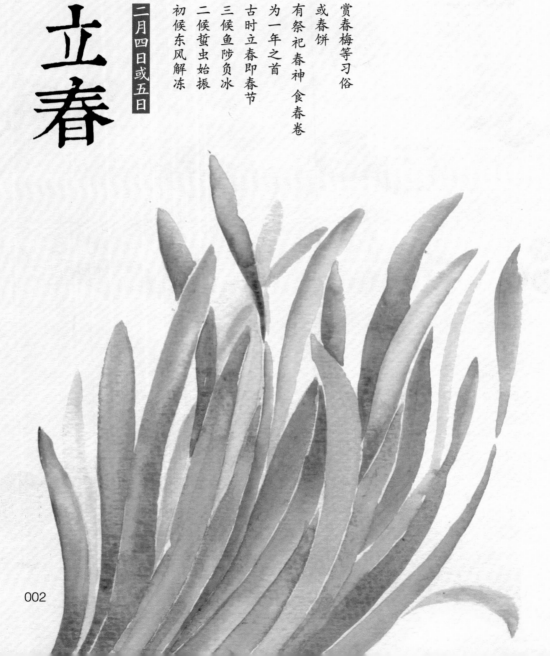

002

立春,正月节。立,建始也,五行之气,往者过,来者续。
于此而春木之气始至,故谓之立也,立夏秋冬同。

○人日立春
唐·卢仝

春度春归无限春,今朝方始觉成人。
从今克己应犹及,颜与梅花俱自新。

春韭

　　韭菜的气味浓烈，从大雅之堂到佛门净地，多有人把它摒弃在外。可你我都不能否认它是一种很重要的菜蔬，不然不会在文人墨客的笔下，一次又一次出现——杜甫的"夜雨剪春韭"，元好问的"韭早春先绿"，苏轼的"青蒿黄韭试春盘"，就连姣花软玉一般的林黛玉，也是用"一畦春韭绿"来形容理想中的太平田庄。关于它的历史怕是要追溯到华夏文明的源头了。从《诗经》《周礼》《夏小正》始，韭菜的身影即已存在于最早的文字典籍中："献羔祭韭"，以韭菜为礼献神明和祖先的祭品。在那样的时代，能赋予一种植物的最高荣誉，想来也不过如此了。

　　为什么是韭菜？原因倒也很简单。彼时可供选择的蔬菜本就不多，且在生老病死都还太神秘

韭黄：

把韭菜苗长在"暗无天日"的地方，
长大后就是嫩黄的韭黄。
韭黄的纤维素含量少于韭菜，栽培成本却更高。
吃起来更为柔嫩，价格也略贵些。

细叶韭：

细长的叶子，具有更充足的辛辣味。
好像北方比较多…

韭花：
韭菜秋天开花，有着可爱的白色伞形花序，
还没有开的花蕾也很好吃！

也太脆弱的大环境下，韭菜表现出的旺盛生命力简直令人不可思议：四季常绿，蓬勃茁壮，即使剃光了也能迅速再长起来，真是"好生之德"的绝佳体现。"韭"这个字，于是顺理成章被定格为草叶拔地而起的茂盛形象，后来大家给它起的别名"起阳草""长生草"，几乎也都是同理的一脉相承。现在你会明白，为什么老人家们所谓的"发物"往往要拿韭菜来说事了——明明只是柔弱小草，却生得那么积极，长得那么快，一定是有什么按捺不住的强大力量，在拼命怂恿它吧？

照着这个逻辑再往下想，一年四季中唯独春韭最得宠幸，也就很好理解。立春之后万物蓄势待发，

《立春》

唐·杜甫

春日春盘细生菜，

忽忆两京梅发时。

此时割下的头畦韭菜，鲜绿柔嫩、滋味鲜明，可谓是最顺应天时的季节风物。在反复不断的低温和冷雨里，叫厌倦了一整个冬天土豆白菜的味蕾分外愿意亲近。往后越是气温回暖，它叶片中的纤维素含量也越高，加之气味刺鼻，吃起来便总有种难以下咽的烦躁不安。这么说来，《本草纲目》倒是总结得很对：春食则香，夏食则臭。无需涉及什么玄妙的医学哲学道理，仅考虑其美味程度，也是成立的。

将韭菜种在不见天日的地窖里，因为没有光照，所以纤维素和叶绿素含量都偏低，长成一副柔柔弱弱黄黄的样子，是为韭黄。宋朝时，韭黄特别受欢迎，大约因为它口感细嫩、味道清淡，很叫那些矜持、注重形象的士大夫们喜欢。又有韭花，即正常韭菜的花苞，北方人将之磨碎为酱，蘸食涮牛羊肉，味道鲜美，又不同于韭黄和韭菜。我听说五代时就有人写过《韭花帖》，以纪念友人送来的韭花，这样的情怀，放到今天也是没谁了。

立春在过去是很要紧的节日。要迎春神，要咬春——以初春时兴蔬菜为馅的春卷或春饼，一口咬下，品尝那新生的好滋味。虽然在这一环节里，韭菜的普遍适用性要略低于萝卜、芽菜之流，但我私心里仍然是推崇它的——低调地被切碎了裹在面皮里，却又很不甘心地透出那一点翠色和香味来。韭菜饺子、韭菜盒子、韭菜春卷……哪一样不曾是年关里喜气洋洋又春意盎然的好吃食呢？咀嚼着它们，咀嚼着"一畦春雨足，翠发剪还生"这样的句子，便想到马上要降临的春天，总让人忍不住会心微笑起来。

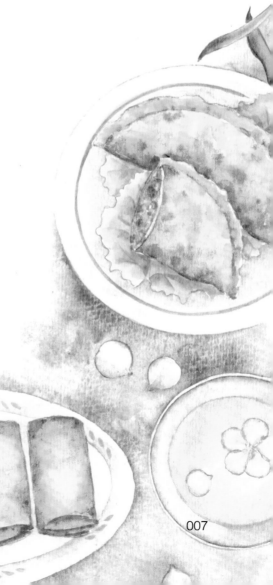

萝卜（大根）

七菜

《荆楚岁时记》 梁·宗懔

正月七日为人日，以七种菜为羹。

七菜的起源，来自那些有关开天辟地的神奇传说：如西方基督教里的耶和华创世纪，对应在中国，便是女娲造人。按汉朝东方朔在《占书》里的说法，"岁后八日，一日鸡，二日犬，三日豕，四日羊，五日牛，六日马，七日人，八日谷。"——正月初七，即是人类的生日，所以这一天要吃点特别的东西：七种早春的蔬菜。不仅是源自大地第一手的正能量，还暗暗预兆着新的轮回，新的蓬勃的生长力，可以带着新一年的你我出人头地。

但随着现代文明一点点发展起来，这种根基于古老传说的食俗渐渐就变得不那么重要了。年关七日，狂吃海喝，身边并不曾见有什么人心心念念一道七菜粥。至于是哪七种菜，我翻了好些古籍，也没有查到个确切说法；各地众说纷纭，习俗又淡，只是都认定了要有对号入座的寓意，

鼠曲草

荠

像是芹菜谓之"勤"，小葱谓之"聪"，生菜谓之"生财"，凡此种种。可见终究吃的还是个心意。如此一来，种类倒也不重要了，但凡是早春的时鲜蔬菜，甚至有加入鱼肉的，只要自己嘴巴答应，就都无需介意。

反倒是沿袭了大唐文化的日本，对七菜粥的重视程度远甚于我们。平安朝初期的《古今和歌集》里便有"春野出，若菜摘"的句子，若菜即新生嫩菜，虽未必是七种，但已经很像模像样。往下至江户时代，七菜粥更深入寻常百姓家，并建立了一套专门的理论体系，即流传至今的"春之七草"：水芹、荠菜、萝卜、芜菁、繁缕、鼠曲草、稻槎菜。这些都是东亚地区常见的野菜，水芹、荠菜、萝卜、芜菁自不消说，大家都很熟悉；至于繁缕、鼠曲草和稻槎菜，就显得小众一些。繁缕叶片肥圆柔嫩，二三月间开极小的白色花朵，鼠曲草则是粉绿色毛茸茸的叶片，头顶一簇黄色花儿，清明的时候做青团，有些地方也会用到它。稻槎菜呢，算是最容易被混淆的一种——它的日文名经常存在翻译错误，而本尊长得又和蒲公英、苣荬菜非常

繁缕

水芹

芜菁

稻槎菜

009

一起来做七菜粥吧！

Tips:

1. "七草"以鲜嫩者为佳。为改善口感，可先入沸水，加少量盐，余烫去涩。

2. 萝卜、芜菁的食用部位是根茎，比叶用蔬菜的炖煮时间略长。

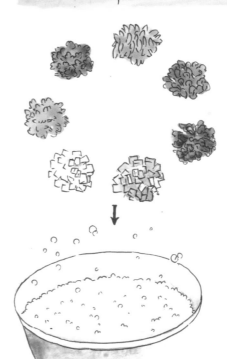

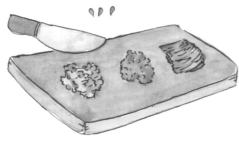

1. 新鲜的"七草"洗净切碎。

2. 煮一锅大米粥（这个应该都会吧～）粥沸腾后，加入切碎的"七草"。

3. 依口味和分量，加入一些盐。

010

像：贴着地面生长的波浪状叶片，其间抽出一支支瘦长的花莛，开着没什么性格的黄花……在田地间，森林里，把它们指认给你看，你肯定会说："啊！原来就是它啊！"

不同于在中国的渐次式微，如今的七草粥已成为日本新年时必不可少的食物（只是日期从农历的正月初七改成了公历的一月七日）。种类明确，流程清晰，超市里清清爽爽地分装打包了出售，再不用劳烦主妇们，踏着春日脚步到田野中去感知春天。至于它的做法，说简单可以很简单，切碎了一起煮熟便是；说复杂也可以很复杂——切碎，汆烫，撒盐，过凉水，按着时间分批加到粥里去……有种细致端庄的仪式感。虽说丰俭由人，一切都很随意，但我内心总隐隐觉得除了"迎新""美满"这样的寓意，它们也必须要具备"清新"这样的特质。一趟春节总免不了山珍海味，大食荤腥，吃到第七日，是该刮刮肚子里的脂油，踌躇满志、焕然一新地准备开工了。夏目漱石曾经写："粥味滴滴佳，肠中春欲苏。"一点不夸张，有什么比清澈、青翠、淳朴、甘淡的一碗粥羹更加让肠胃感受到盎然春意呢？一年之际在此，都莫要辜负了好时光啊。

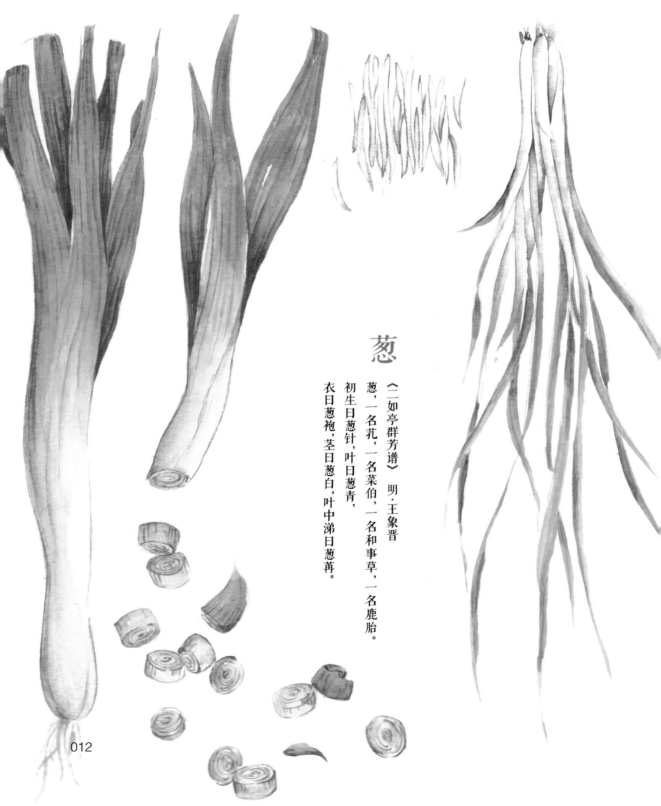

葱

《二如亭群芳谱》 明·王象晋

葱，一名芤，一名菜伯，一名和事草，一名鹿胎。

初生曰葱针，叶曰葱青，

衣曰葱袍，茎曰葱白，叶中涕曰葱苒。

012

小葱有股美人气质。《红楼梦》里，形容美人的样子是"水葱似的"，四个美人在一起，便是"一把子四根水葱儿"。这样的联想其实算是理所当然——纤细、苗条、清秀、水灵灵，就连散发出那一点清甜辛辣味，也像是青春少女身上的小骄傲和小泼辣。人世很像铺开的一场筵席，清汤寡水与烈火烹油兼备；这些小葱般水灵水秀的妹子们，还真是席间活色生香的风景啊。

美人固然好，却只是葱们诸多形象中的一个侧影而已。严格来说它并不算是中国人的"葱"——葱属植物本就种类极多，小葱只是由西亚地区流传而来的晚辈之一。至于根正苗红的"中国葱"，实则是与之近缘的另一物种。想必长江以北的人民群众不会同意把葱和美人联系在一起的比喻，因为他们的葱长得实在是太豪放了……粗壮、厚实，如某些地方的人情世故一般，虽也叫我暗自佩服，却总是下不去嘴。相比南方人切了翠绿的细细的一小撮作为点缀，北方人对葱才是大刀阔斧的真爱——可不是嘛！从北京烤鸭到山东烙饼，葱往往是其中举足轻重的担当。若是要和一个来自北方的厨师说："请不要放葱吧。"那可真是难煞人。隔着屏幕，我都能想见厨师甩着一口卷舌音说："不用葱？那咋成呢?！"

大花葱，
Allium giganteum
观赏用的"葱"，
花很大很大！

葱的花

洋葱
Allium cepa
其实也是葱的一种~
但来中国的时间有点晚，
故作此名。

　　源远流长如中华饮食，大葱的地位应算是元老级的才对。春秋时期管仲带着齐桓公（就是名叫"小白"的那位）北上征战，据说身上就带着葱，打仗的同时还大大扩展了葱的种植范围。这事儿乍一听上去挺搞笑，但联系彼时的处境，却也不无道理：长久跋涉征战，又是北寒之地，士兵难免辛苦。葱虽不能果腹，却能带来辛辣刺激的味觉体验，就算不能提振精神，就着它多吃点干粮也是好的。到了秦朝，葱更是被列入了军人的常规伙食配给里，可见这一做法应该是真的有效。除了兵家之事，礼节律法里也有它的一席之地——按《礼记》的记载，"凡进食之礼……葱渫处末，酒浆处右"，以葱为代表的蘸料在席设上都有自己的专属地位，更被认为是那个时代"礼"的表现之一。葱的荣光，由此可见一斑。

　　不知是否因了这样的缘故。直到今天，北方人口中还流行着一脉相承的俚语："你算哪根儿葱?"乍一听上去，好像是说比葱更加卑微渺小。但若知道这后面排山倒海的典故，恐怕才能真正领悟"葱"的存在价值，并对语气中的揶揄会心一笑吧。

　　那么……也并不是说南方人的小葱就无关紧要的。你知道葱油面吗？虽然我不能确定它的起源究竟是南是北，但至少就现在来看，它已被认为是江浙沪的招牌了。一碗面，没有菜也没有肉，加入的调料无非也只是葱油、酱油和糖。可就是有这么神奇啊！让我这个并不怎么爱吃面的人，每每见到它都很是欢喜。尤其沪上那些开了多年的老餐馆，哪怕桌子永远有一层拭不干净的油腻，菜单永远是磨掉了边角的粗糙破旧，但当一碗葱油面清清爽爽端上来，却总能在一点点沉下来的夜色里，让晚归的我吃出一点值得回味的质感。

葱油面的做法也细巧。如果非要把南北特色做个归纳总结，并对号入座，这样细巧的做法也只能属于南方人了。煮面且不说，得把鲜绿嫩白的小葱洗得干干净净，晾得没有水分了，细细地切起来。锅里热了油——一定不能是自个儿就异香扑鼻的油——开着小火，把小葱"哗"地投进去，就等它们自己耗着吧。新鲜的水分在油的滋扰下，哔哔剥剥地响，像是小葱们知道了自己的青春年华终将归于干瘪焦枯，那一点傲娇不情愿的絮语牢骚；而葱香味也渐渐窜上来了，绵密的，醇厚的，原先的互不相容终于变得柔润缠绵，直到最后一点翠绿也消失殆尽。趁热浇到煮熟的面条上，再加老抽，加一点点的白糖，欢天喜地拌起来，就可以吃了。听起来很简单不是？可每一步都充满玄机啊——切葱已足够让我这样敏感的人泪水涟涟，下入油锅了，还要擦干眼泪时刻警惕葱油的进度：时间短了不够香，时间久了又焦黑发苦，实在是试炼。就算这些步骤都完毕，还有煮面和拌面两大难关等着你：油太少，面就糊作一团；油太多，又淋淋的叫人发腻……反正笨手笨脚如我，想要自己做一碗完美的葱油面总是失败，每每只能捧一碗残次品，就着"情怀"和"这样其实也还好啦"的阿 Q 精神吃下去。而如果要举办一场考验厨艺的大比拼，我也很乐意投葱油面一票……当然，身为一个并无太多手艺的门外汉，这种说法，也权当是个玩笑。

古人说"正月葱，二月韭"，被认为是最顺应天时的食物。看着它们翠绿兴旺地从地下生长起来，倒也确实让人对接下来的满园春色多了一点期待。青葱二字，同样是对年少轻狂那一段不可替代的时光之注解，鲜活蓬勃如许，用力揉一揉，却辛辣得叫人淌出满眼泪。多妙的比喻。

雨水

荠菜新生

春笋初发

降雨增多

冰雪散化为水

气温回升

三候草木萌动

二候鸿雁来

初候獭祭鱼

雨水,正月中。天一生水,春始属木,然生木者,必水也,故立春后继之雨水。
且东风既解冻,则散而为雨水矣。

○ 初春小雨
唐·韩愈

天街小雨润如酥,草色遥看近却无。
最是一年春好处,绝胜烟柳满皇都。

雨后春笋

　　"笋"一字，原指竹子的幼嫩形态。但如今亦可沿用于其他植物身上，如芦笋、莴笋，想必是形态相似的缘故。但我反觉得竹笋那些别名更有趣："竹萌""竹胎"，憨态可掬，只是没了成年后的君子模样。大概因为国人爱竹，连带作为食材的竹笋也显得不俗些。如苏轼所言："无竹令人俗，无肉使人瘦；不俗又不瘦，竹笋焖猪肉。"呵，古往今来，文艺圈里的第一吃货舍他其谁，这么一位对饮食与文化都颇有贡献的人物，与他自己诗中所说的竹笋焖猪肉也是很像的。

　　笋四季皆有。但惟春笋与冬笋更优质，且普遍，故最常用来开采食用。竹子们大概会比较希望我们吃冬天的那一批，因为冬笋多不成材，徒长上去也无用。但有了"雨后春笋"的说法在先，我总很不厚道地觉得春笋更讨人喜欢一点。挖笋是力气活，却也有风雅的成分，踏着满地琐屑般干燥枯白的陈年竹叶，沙沙声如这片土地所寄予的叮嘱。如此走往竹林深处去，努力而静悄悄地刨一个个洞。有时我看着那些洞会有一种罪孽感。像是破坏了整个竹林原有的风雅——后来在各处景区的竹林里再见到这些洞，这样的罪孽感总能一次次得到印证。

　　市面上的笋自立冬前后即有之。大约天寒地冻，挖笋也不容易，故在冬日一众蔬菜中，它的身价总是居高不下的。真正放开来吃，最好还是到立春之后——且不论寻常菜市上堆积如山，价格逐渐走低，路边甚至也冒出更多专门卖笋的小摊，并不亚于雨后春笋的争先恐后。这时候，笋的种类也多起来，可惜我是俗人，只认识最常见的毛竹笋、桂竹

新鲜的绿芦笋带来青翠优美的春日气息，
不过还有一种白颜色的白芦笋，
据说欧洲人非常偏爱。
有着"蔬菜之王"的说法，
是口感和营养都非常讨人喜欢的食物。

莴笋原产地中海地巴，
隋朝时传入国内，南北广泛栽种。
据考古诊说，它一开始并不叫"笋"，
而叫"苣"；
（因为植株的整体形状很像火炬…）
又有盐腌之后的莴笋才叫做"莴笋"，
但现在新鲜的也常这样称呼。

笋二种。毛竹笋极宽厚，硕大，沉甸甸，最外层覆温顺茸毛，剥下来后，一层层却是轻盈的（也因此浪费体积）。桂竹笋则紧密些，瘦削颀长，外壳光滑，若生得晚，基部还依稀可见青碧之色。我喜欢的是桂竹笋：剥来方便，且也并不如毛竹笋那样涩。嫩嫩的一盘，做红烧油焖笋，再喜欢不过。

但真要说笋的招牌做法，恐怕还是腌笃鲜更有资格些。笋块和五花肉定不可少，剩下的或是咸肉，或是小排，或是火腿。几样东西一起扔到锅里慢慢炖，看似毫无难度，但汤色一定要清爽，内料一定要纯实，心思一定要细慢，倒真怠慢不得。这道菜我很早就吃过，也很早在《红楼梦》里读到"火腿鲜笋汤"的句子；但真正要把碗里的，书里的，和这鼎鼎大名的菜肴联系在一起，却要经过多年之后。南方方言各成一派又九曲回肠，为着"腌笃鲜"三字我寻思过好久，比较可靠的说法是，"腌"通"咸"，"笃"指小火慢煨，"鲜"即时鲜——但作为"鲜美"之解也很好。食物和人一样，搭配正确、火候到位，才能激发出彼此的出色潜力。炖到位的腌笃鲜即是铁证，柔腻鲜润，地道实惠，江南小户人家里的寻常、精细、满足感，几乎可全部收容于这一锅。

竹笋之外，另有几样春季菜蔬的名字里也有"笋"。如芦笋、莴笋，想必是因为形态相似，而冠以笋之名，于是也很容易叫人想起如出一辙的风雅美味。芦笋清爽苗条，翠绿柔嫩，味道也甘淡和美。进能与培根芝士搭配为盛宴，退能焯水凉拌做开胃小盘，无论口感或健康程度都毫不逊色前辈。唯一不好处大约是生芦笋的气味——因为体内有含硫化合物，闻上去总怪怪的。听说有的人吃了芦笋，排出的尿液也会带上这个味道：世事果然古难全的。

芦笋的原产地在地中海一带。打入中国市场的时间并不长，所以烹饪方法也多立足于西餐。但古人的文献里也有出现"芦笋""芦芽"之类，说的则是另外一个东西：芦苇的嫩芽。那东西现在应该没什么人吃了。我只见过照片，幼嫩新绿的一把，据说很快就会长大成坚挺的茎干。是什么味道呢？想必也不差。这里又要请出苏大学士的佐证："蒌蒿满地芦芽短"，它身上一定也有春的味道吧。

有别于竹笋的外刚内柔、芦笋的小清新，莴笋则是另一种风格。我觉得它像一个愣头青，高大生疏，厚脸皮却分外难缠。但去了叶子，削

凉拌莴笋：
非常清简可爱的一道菜，
可以从春天一直吃到秋天～

腌笃鲜：
春笋+鲜五花肉+咸肉，
几乎可以称为苏帮菜中第一呢。

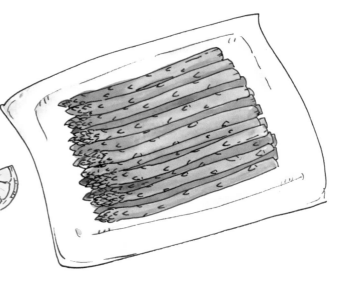

白灼芦笋：
加一点黑胡椒和柠檬汁，
会更爽口的喔！

竹笋种类很多，古人也称之为"筍"。
比较常见的是毛竹笋，
长江以南几乎全年都可以见到。

另一种比较细长、颜色略深的，
应该是桂竹笋。
只有春天才是最合适的采收食用期，
也经常被用来腌制笋干。

净外皮的莴笋又叫我觉得性感：光溜溜水灵灵翠生生，往哪儿一放都是势不可挡的一段青春。我对它的童年记忆是切丝凉拌，淋生抽麻油，沁出的汁水叫人清爽畅快。至于经常被摘下丢弃的叶子，虽然大家都说那是喂牲畜的饲料，但我也喜欢吃——我们如今吃的生菜，其实也是叶用莴笋的一种。切得细细的，放入热油锅里炒，可迸发出奇妙跳脱的香味。只是断不好茎叶一起炒的：本来很清爽的两个菜立马沆瀣一气起来，看起来就纠葛不清，味道也不那么清爽了。

莴笋在许多地方也被叫作莴苣。一直以为两者等同，但去查《中国植物志》，却发现有更明确的区分：莴苣算是一个独立物种，其下衍生出数个变种。茎部粗大的称莴笋，若是叶片丰沃的，就是生菜了。古人给莴笋的别名也好听：苣胜、青笋、千金菜。无论中国传说，还是西方童话，都有提到吃下莴笋后产生奇遇的情节，只此一点，也很能证明大家对它的几分偏爱了。

其甘如荠

过了年，二月快到尾巴上。刚开张的菜市场门口，有人摆出篮子，开始卖荠菜。

荠菜不是什么稀奇的东西。野菜里数它名气最大，行遍大江南北，总能在不一样的地方看到或听到它的消息。当初李时珍解释它的名字，就说是因为"荠生济济"，故名。这说法未必可靠，但道理是有的。而把荠菜拿到市场上来卖，似乎也只是最近一二十年的事情——房前屋后，它长得多且随意，何必去买？触手可及之物总叫人不容易珍惜。但如今世道已然不同：荠菜虽仍处处有之，但数量早已今非昔比。要凑够一盘菜，"买"似乎是最好的途径。

但我相信很多人小时候都有过挑荠菜的经历。"挑"这个字用得多好啊——不是挖，不是采，是用小巧但锐利的剪子往土里插下去，轻松一挑，鲜嫩的荠菜便一跃而出。这动作看上去简单非常，实际上也有点技术含量：且不论下刀的角度，手法的轻重，首先你得认识荠菜吧？不是我放大话，就算你是个有识之

城中桃李愁风雨，春在溪头荠菜花。

山远近，路横斜，青旗沽酒有人家。

宋·辛弃疾

《鹧鸪天·陌上桑桑破嫩芽》

因为其角果形状很像牧羊人的钱包，所以荠菜的英文名叫 " Shepherd's Purse "。

士，但趴到一片茂盛田地里，这"认识"也未必派得上用场。荠菜生来任性，叶片形状变化极大；若加上其他十字花科或菊科的小野菜们，就更加容易混淆了。原谅我实在说不上来什么万无一失的鉴别方法……也许是童年的印象太过深刻以及先入为主，我后来念过的植物学在此反而派不上用场。唯唯诺诺，斟酌良久，最后所能归纳的，也不过是三个字：凭感觉。

感觉是非常玄乎和私人化的东西。于我而言，对荠菜的这种亲近大概源自外婆，老人家从前每年春天都要去郊外挑荠菜。尚乳臭未干的我带着十二分的使命感紧跟其后，如出行的骑士需要一名忠心耿耿的侍从——穿越林立高楼，目标直指郊外青山。虽然掐指算来，这样的时光也就持续了三五个春天，每个春天至多两三回，加起来也不过十几次。然而我却对此印象非常深刻——小鞋子踏在坚实的田埂上，沿途的新柳尚未生发，树木间却隐隐有着一股鲜嫩的颜色呼之欲出。小小麻雀掠过，农人的牛款款而行，外婆的背影敦厚可靠……外婆后来变得奇瘦，并佝偻下去，双手骨节上浮现大量属于老人的褐斑。及至逝去，我的记忆却总还停留在属于荠菜的那几年：她头上是乌发，脚上是白球鞋。步履轻盈，牵着我一步步踏过泥土的青涩，云淡风轻的好日子仿佛永远走不到尽头。

荠菜的 n 种"死"法~

（荠菜花可以泡在水里煮鸡蛋~）

炒年糕

煮豆腐羹

炒鸡蛋或香干

做饺子和馄饨的馅

做丸子、煮汤、红烧都很好吃！

荠菜吃法极多。清炒、做馅、煮汤、下面条，似乎无一不可。古书但凡有记载，大多说它"味甘"，但也有个别人士有相反意见——如崔郊的"食荠肠亦苦"，听上去就很像是发牢骚(又或者他的"打开方式"有问题，不是挖错了就是做法出了错)。倒是"杀青微下盐，长贫叹亦苦"这样的说法更直接些：不就是没钱嘛！吃的菜当然也显得很不可口。我小时候并不懂，以为"甘"直接便是"甜"而已，区区野菜，何以比得上糖果和蛋糕的甜？然而人会长大，人的心思会变。挑荠菜这项行为再无机会出现在我的生活里，再行至菜场，指尖掠过一袋子水灵灵的浓翠叶片，问："怎么卖？"能得到的，终归只是个无需回味的价格。

食荠和一切捕捉时光或感情的行为一样，要趁早啊。来得晚了，它们便遍地抽出细长高挑的花葶，开出那细细点点的白色小碎花来。值此荠菜叶已老，再吃已不合适，更因正在进行的开花结子，在从前的老人家看来也是进入了生命的另一场轮回，绝无必要肆意惊动。风一阵阵，一阵比一阵更暖起来，不引人注意，细细看来却也很好，便是辛弃疾说的那样：春在溪头荠菜花。

荠菜叶，形状很多变！

惊蛰

三月五日或六日

桃花渐入佳境
百草行翠
春风暖意渐浓
万物舒展
蛰虫惊出
三候鹰化为鸠
二候仓鹒鸣
初候桃始华

028

惊蛰,二月节。《夏小正》曰正月启。蛰,言发蛰也。

万物出乎震,震为雷,故曰惊蛰。是蛰虫惊而出走矣。

○秦娥月 / 忆秦娥
宋·范成大

浮云集。轻雷隐隐初惊蛰。初惊蛰。鹁鸠鸣怒,绿杨风急。
玉炉烟重香罗浥。拂墙浓杏燕支湿。燕支湿。花梢缺处,画楼人立。

黄花郎

《新修本草》 唐·苏敬
蒲公草,叶似苦苣,花黄,断有白汁,人皆啖之。

黄花郎是蒲公英的别名。

蒲公英的别名不要太多。搜罗起中英文里各种,一口气估计能数出大几十个。霸气的如 Dandelion——源自法语的"dent-de-lion",意为"狮子的牙齿",用以形容锯齿深刻的叶子;朴素的如婆婆丁、黄花地丁、黄狗头、姑姑英之类,占绝大多数,想必是来自劳动人民的朴素智慧。很文艺的也有,如"金簪草",以其丝丝花瓣簇拥,有如一股金簪掉入草丛。但我个人较为偏爱"黄花郎"——相对冷门而普通的一个,据说出自《救荒本草》,但翻了个遍,没找出所以然来。之所以喜欢,是因为觉得念在嘴里,就能想见其本尊的模样:一个默默无闻,随时准备成为明日黄花的无名英雄。

英雄本色显露何处?光做药和做菜这两条便已足够。古书们说它可救人于病痛之中,叶片煎汤,服之可通乳利尿;折断叶片流出的白色汁液,可消除恶疮;除此之外,消炎、抗过敏、促进消化……均有所表现,甚至因此生出夸张传说,说它可令人青春永葆,使人返老还童——当然,是假的。面对没什么大病但饥肠辘辘的人群,它又可摇身一变成为重要食材,常见、易活、分布广、好辨认,满足一种优秀野菜所需具备的全部素质。世界各地的人们为之充分发挥饮食创造力，中国人拿来凉拌煮汤，日本人拿来腌渍或油炸做天妇罗，在欧美，则用它来烘焙、制沙拉，甚至酿制酒水和糖浆……与之有关的食谱不胜枚举，几乎遍布整个欧亚乃至北美大陆。喏，饥饿和疾病两大人生难题它都能帮忙解决，覆盖面还如此之广：身为一株野草，"英雄"二字，它果然还是担当得起的。

但蒲公英的这些本领，流传到今天似有些褪色。如今，已有很先进的现代医学手段可以解决疾病，餐盘里也有更多更美味、更丰产的蔬菜可供选择，似乎就真想不到什么原因一定要将它的地位继续保留。且不论那些流传在外的药方，光是市面上摆出来卖的各色野菜，蒲公英即已不再位列其中。现代人眼中的它，回归最初那至为原始简单的模样，鲜黄色小花点缀在孟春尚未热闹起来的草丛里，路过时匆匆一瞥，转身也就要忘了。如果非要说还有什么不可替代的功用，也许会是那花朵谢去，长出毛茸茸晶莹剔透的一小团，引得一时兴起的少女和小朋友愿意为之稍作停留——一口气吹出去，看着"小伞兵们"在空中飘飘忽忽，可比平淡的黄花绿叶要好玩得多。这情形啊，还真像一位曾有着各种丰功伟绩的无名英雄，太平盛世里不再有用武之地，遂干脆大隐于市，拿出一点陈年手艺，供后人玩笑取乐。

我曾在塞外见过一望无际的蒲公英花海。见过同样金黄耀眼的向日葵、油菜花，还真是不曾想小如金簪的蒲公英也能开成壮丽花海。这也有趣：都市的花柳繁华地、温柔富贵乡，确实不适合这位"草根英雄"施展自己志在四方的济世情怀，它真正的魅力，还是要到原始一点的环境中才能显露出来。

简单的凉拌蒲公英！

1. 摘下新鲜的蒲公英叶片，清洗干净。

2. 烧一锅沸水，加入蒲公英叶涮一小会，迅速捞出。

3. 沥干水分，根据个人口味拌入各种调料就可以吃啦！

翘摇

许多野草野菜古时候的名字都很好听。譬如苜蓿别名怀风，龙胆别名陵游，听上去都有种值得深思的奥妙。翘摇也是，《本草纲目》中说是因为"茎叶柔婉，有翘然飘摇之态"，故得名。此君真身是什么呢？说出来恐怕就不如古老意象中那么美好了——紫云英，亦名红花草。不是什么罕见的稀奇物，甚至连可以名正言顺登堂入室的菜蔬花木都不是，不过是寻常田陌里种来饲育家畜的一种植物。

紫云英确实是好看的。绿叶如羽，花朵如轮，朵朵都是精巧轮廓，即使知道自己的宿命不过是零落成泥碾作尘，也一样要打扮得体了方才亮相人前。春日回暖，一切娇滴滴鲜嫩得要掐出水来的时候，这些精致的小花会开成一整面粉红淡紫连绵的锦绣织毯，高高低低，无风自摇曳，背景映衬着一轮垂阳，三五新柳，偶尔路过的牛羊，或者还有那放学归家的孩童。我对乡村的印象，也便只有这些了——在为数不多的寄宿的日子里，趴在田埂上采紫云英编花环是我身上少有的，和其他孩子保持一致的兴趣之一。但紫云英实在娇嫩，编好的花环并不能维持很久，小女孩们随手戴戴，往往还不及到家，它已然迅速萎蔫了。

但你知道，农家人种大片的紫云英绝不是为了好看。茎叶可饲育牛羊，花朵是绝佳的蜜源，入了碗碟也有极佳的味道。花开之前，采嫩茎叶而食，江浙一带对其似有更淳朴的称呼——草籽，一道草籽炒年糕是难为他者所取代的应季味道。年糕丰腴洁白，草籽清鲜翠绿，撒一把肉丝，荤素一应俱全，即使再挑剔的嘴应也无话可说。然而这一过程必须赶在花开前进行，大部分野菜也都如此——等花开起来，这些

真美用的紫云英花环~

1. 新鲜盛开的紫云英，
   选择比较挺拔结实的花茎。

2. 把花茎从中剖开，
   将另一朵紫云英花从中穿过。

3. 重复步骤2，（非常简单）
   会得到一长串的花！
   把最后一朵花和第一朵花
   也用同样的方式串起来，
   花环就完成了！

P.S. 紫云英娇嫩，花环维持不了很久~但同样的做法也适用于
其他草本花卉（车轴草，波斯菊……）。
最重要的，不要随便采摘公园或风景区的野花喔！

小小植株的体内能量也快要用光光，接下来便不再有大饱口福的机会。最重要的是，花开过了，清香甜美的蜂蜜收过了，紫云英的一生也就要无可挽回地走向尽头了。

尽头非天命，而是人为。作为豆科植物的一种，紫云英的根部是富有神力的存在，与之共生的根瘤菌足以将空气中的氮气转为供植物使用的含氮有机物——也就是常见肥料的成分。也就是说，之所以要种下紫云英，最终目的就只是为了更好地养活别人而已。你可见过花期之后的紫云英田？事实上并没有太多机会可以见到，因为很快整片田地就会被重新犁过，昔日的烂漫紫花、清丽绿叶尽数沉没泥淖，消融殆尽，仿佛什么都不曾发生过。注上水静候几日，就可以开始插秧；然而在幼小而未曾接触稼穑之事的我看来，这是非常令人难过的事情——如此好看的花竟是庄稼的炮灰，真是可惜！所以有很长一段时间，我带着一个小女生的傲娇别扭，拒绝吃草籽做成的任何菜肴——吃下去，仿佛自己就成了同流合污的刽子手，和那些不解风情的农民一起断送了这不可多得的美。当然你知道这样的行为是坚持不了多久的：凉意缱绻的春夜，端上来一盘草籽年糕，绿的翠绿，白的莹白，灯光下升起*丝丝缕缕*的香气和热气，映照出那细腻水润的光亮质地。只有填饱肚子才有力气谈论美，关于这一点，好在后来的我终究还是明白了。

鞠躬尽瘁死而后已，算是对紫云英一生的注解，至于之后所滋养的，想来也未必只是庄稼。很长时间并没有再见到紫云英，也再没有吃过草籽年糕，流离浮动于密花疏叶间的日子，渐渐变得像弥散在春光里的香气一样，随着时节推移逐渐变得不真切。下一次无意惊见"翘摇"二字，于这声色犬马的人生似乎已无任何进展，只是心头可能还会稍微一动，如曾经开过一季的花，丰沃过一季的绿叶，虽然已被命运之犁埋藏沉淀于深处，到底仍是存在过。

春分

初候玄鸟至
二候雷乃发生
三候始电
昼夜平分
春野菜蔬得清欢
马兰沁脾
首蓿春盘

春分,二月中。分者,半也。此当九十日之半,故谓之分。

秋同义。夏冬不言分者,盖天地间二气而已。

○ **春分日**

五代·徐铉

仲春初四日,春色正中分。绿野徘徊月,晴天断续云。

燕飞犹个个,花落已纷纷。思妇高楼晚,歌声不可闻。

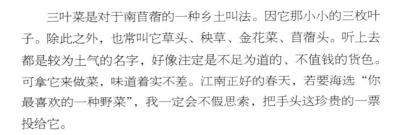

三叶菜

三叶菜是对于南苜蓿的一种乡土叫法。因它那小小的三枚叶子。除此之外，也常叫它草头、秧草、金花菜、苜蓿头。听上去都是较为土气的名字，好像注定是不足为道的、不值钱的货色。可拿它来做菜，味道着实不差。江南正好的春天，若要海选"你最喜欢的一种野菜"，我一定会不假思索，把手头这珍贵的一票投给它。

关于这三片叶子的烹饪方法可不少。譬如我最爱的酒香草头，就是很有个性的一道：新鲜草头一下锅，翠绿颜色转为浓郁欲滴，趁着汤水滋润的时候猝不及防泼进去白酒，酒香草香顿时毫无芥蒂地缠绵在一起，真如大刀阔斧的男人碰上清丽婉转的少女，金风玉露一相逢，便胜却人间无数。我每每大快朵颐之际，总很好奇，是什么样的人会想出这么个吃法？必是心内兼备酒香和草香的人吧，但也可能只是酒鬼误打误撞……又或者，是我思维太过狭隘，这样的做法早该是理所当然？无论如何，似乎再无第二种蔬食可如此烹制了。除此之外，也有以苜蓿头腌渍为咸菜（我实在不喜欢那种吃法，枯萎而琐碎，只剩下咸味，简直是在吃苜蓿的骨灰），或为荤食之伴侣（如与猪大肠同烧，上海人叫草头圈子），各色江鲜，以及苏州人嘴里为北方人所难以忍受的甜烂樱桃肉——吸饱了糖色与酱汁的草头此时又成了盛装女主人身边的小丫鬟，安静顺从不叫人腻烦，只觉水灵水秀。

南苜蓿最初由张骞自西域带回，原是作畜牧饲料之用。原产地的人们怕是不会想到，这小草后来竟登堂入室，摆到了中国人的餐桌上。一切倒未必是猎奇——唐朝的太子老师感慨"盘中何所有，苜蓿长阑杆"，分明还是非常清贫的形象，以至于"苜蓿盘"后来一度成为文人郁郁不得志的代名词。但饮食文化翻了几番之后，苜蓿的地位简直可用"平步青云"来形容：如前面提到各种新鲜活泼吃法，再不是只有穷困潦倒时，从牲畜嘴里抠下来

的那一点用以充饥的野草。我们都是很幸运的。

说到幸运，那顺便再说下三叶草。三片叶子的小草几乎都可称"三叶草"，南苜蓿也是其中之一。除此之外，常见的又有酢浆草、车轴草；若它们当中有谁因变异而长出四片叶子（甚至更多），就被认为是幸运的象征了。酢通醋，酢浆草亦即尝来有着滋润酸味的草，俗名也叫"酸咪咪"或"酸酸草"之类；此物在各色花坛、绿地中很是常见，近年更跃升为园艺界新宠，长得快，好养活，花色缤纷，心形叶片玲珑清透，十分值得把玩。我知道有一个园艺种叫"幸运酢浆草"，每一枝生来就有四片叶子，种上一盆，这辈子的幸运是否就用不完了？

最正宗的三叶草是车轴草。它可提供蜂蜜，一直也是畜牧业里备受青睐的饲料与肥料，但就不如南苜蓿可为人食用。车轴草在爱尔兰颇有渊源，当年曾有位名叫帕特里克的传教士，就是以它为例，向未开化的原住民们普及"三位一体"的概念——三片独立的叶子构成完美整体，正如基督教中的圣父、圣子与圣灵。时至如今，爱尔兰人仍保留着穿绿衣服的圣帕特里克节，而由车轴草演化而来的三叶草图案也因此成为爱尔兰文化的标志。

"找到四片叶子的三叶草，就能找到幸福。"也不知这样的话是何时流传开的。总之这事我也曾做过：在一大片草丛中仔细寻觅，带着一点不甘心，一点不相信，却又兴致勃勃充满期待……像是给了自己一个证明运气的机会，于是饶有兴致地和这种小草较上劲。人生嘛，总需要一点看似无来由，但足以自得其乐的东西。至于能否找到，并不是太重要。但想到在极平凡的岁月里，春日一道鲜嫩碧绿的苜蓿盘已足够叫我心满意足，某种程度上，应已算是幸福而幸运的了。

首蓿属 Medicago

味道最好的"三叶菜"就是首蓿属的。
南首蓿 (Medicago polymorpha)
开黄色的小花,
果实很像长着软刺的蜗牛壳。
结果意味着茎叶过于成熟,
不再适合做菜了。

车轴草属 Trifolium

车轴草们根据花色的不同而命名,
如"红三叶""白三叶",
就分别是红花车轴草 (Trifolium pratense)
和白花车轴草 (Trifolium repens)。
它们也是常见的地被绿化植物。

紫花首蓿 Medicago sativa
非常有名且多见的牧草,
也具有很坚强的适应生活的能力。
显著的特点是成串的紫色花朵,
成片盛开时非常好看。

酢浆草属 Oxalis
酢浆草吃起来是酸的……
－那都有着晶莹剔透的叶子，
和非常多姿多彩的花朵，
也是最为常见的小清新盆栽之一。

黄花酢浆草
Oxalis pres-caprae

铁十字酢浆草 Oxalis deppei
也被叫作"幸运酢浆草"，
生来就具有4枚心形的小叶，
有时具有深色的斑纹，看起来像十字架。
种一盆就可以收获好多好多的幸运了！

紫叶酢浆草
Oxalis triangularis

马兰头

马兰头，植物名字应该是"马兰"。"头"则是对鲜嫩野菜尖儿的那一点称呼，譬如苜蓿头、豌豆头、荠菜头，皆如此。野菜们都不太容易认，马兰算是其中难度系数更高些的一个：不仅叶片无其特色，很容易湮没在初春的一众杂草中，更因为除了菊科马兰属这位根正苗红、被植物志登记在案的，还有别的植物叫"马兰"——譬如鸢尾科的马蔺，有时也被叫作"马兰花"。马兰头可不是它们的嫩芽。花开出来了，你就会知道，一个长着鸢尾的模样，一个长着菊花的模样，大不相同。据说在更南的华南一带，马兰也被叫作"路边菊"或"田边菊"——路边田边，随便开开的小菊花。连个像样的名字都懒得取，也真是不上心。

没有哪一道春日的开胃菜可胜过马兰头。真的，虽都是野菜，都可以焯水一捞，油盐伺候，但除此之外也有门道，彼此分工都不能乱：荠菜适合做馅，紫云英（草籽）适合炒年糕，菊花脑适合同蛋花煮汤，苜蓿（草头）则适合搭配河蚌江鲜，甚至苏帮菜里酥软浓甜的红烧肉……任意两个角色互换，都会有种"张冠李戴"的别扭。至于马兰头，它的搭档则一向灵巧素净：麻油、香干、笋尖、花生碎；非要来一点荤的话，或许可以是清明前嫩嫩的螺蛳肉。

这样的做法当然是有理由的。别的行业不好说，但在"吃"这回

马兰头
分为青梗、红梗
两种，

好像栽培
多为青梗，
野生多为红梗。

事上，古往今来积累下来的经验一定值得参考。我私心推测过，和茼蒿、菊花脑一样，马兰头带有菊科植物特有的清灼气息，配什么大鱼大肉，都犹如清高不低头的隐士，格格不入，总是不好；但茼蒿温软，清炒便是一盘好菜，菊花脑凛冽，就定要有个鸡蛋，再来点汤水中和。马兰头更像是介于两者之间的细腻清爽，所以，也只配和它自己一般细腻清爽的东西。行走江南者应该都见识过这一众搭档的魅力吧？无论坚果、香干还是螺蛳肉，都是马兰头的配角，和翠绿鲜嫩的嫩茎叶一起切得细细的，规整码在纤尘不染的盘子上——从街边小摊到星级饭店，把它列上菜谱总不会有错。所以，才会有"洵美草木滋，可以废粱肉"的说法：即使再留恋酒池肉林、金迷纸醉之人，也无法拒绝春日新生的那一抹清风在舌尖上融化开的感觉啊。

　　马兰头唯一不好的是易涩。它本来叶子上有柔毛，生长得又快，一旦过了时机，便变得老、硬，各种涩嘴。然而像马兰拌香干这样的凉菜，如今餐馆里已经周年供应，不知是怎么做到的。改良？罐头？风干收藏？似乎也不太重要了。偶尔还是会想念我自己的山居时光，和同伴一起跑出去挑野生的马兰头果腹——趴在春寒料峭的泥土上，一点点沉寂下来的暮色里，只敢小心地挑上一点儿，生怕对这一方土地有所冲撞。后来在市场上再见马兰头，生长得更为肥硕喜人，却好像无论如何都吃不出当年的滋味了。

清明

中林蕨芽肥
野艾有青味
翠色欲流
天地澄明
三候虹始见
二候田鼠化为鴽
初候桐始华

清明,三月节。按《国语》曰,时有八风,历独指清明风,为三月节。
此风属巽故也。万物齐乎巽,物至此时皆以洁齐而清明矣。

○ 寒食日即事
唐·韩翃

春城无处不飞花,寒食东风御柳斜。
日暮汉宫传蜡烛,轻烟散入五侯家。

艾叶青青

抛开条条框框的不谈。艾草家族与人类进行大规模互动，每年有两个时段：其二是端午，其一是清明。

端午的艾草只需做个样子即可。它的清灼气味与菖蒲的锋芒毕露一并悬于门楣，便叫凡人相信自己有神力护体，可驱避蚊虫，乃至更多瘴气鬼怪。可在清明，却是另一番模样——鲜嫩的野艾蒿叶绞汁，浇于糯米粉，裹以白砂糖与黑芝麻捣成的馅，揉成青绿柔韧的面团；剪一段平整宽阔竹叶，垫于其下，入锅蒸得热气腾腾，眼见颜色从最初的鲜活碧绿转为沉淀郁翠，再郑重其事地一只只装进容器里放凉。这粉身碎骨再创造的过程，有如一个人被时光打磨，被命运大手揉搓，从峥嵘少年彻底改头换面。但它独有的气息，绝无可能因此损耗分毫：清冽，安静，警醒，有人不喜欢，我却觉得是股清香。但凡有这清香在，便使无论如何粉身碎骨、改头换面，再相逢时都不会错认。

说是不错认，但其实也很容易出错的。这里有个很值得一提的误会：包括曾经的我在内，许多人都以为清明做青团的"艾"与端午的"艾"是同一个东西。然而，并不。它们同为菊科蒿属，但前者所用材料实为野艾蒿或五月艾，为蒿属下另两种广泛野生的植物；而后者才是正儿八经的艾草，也即中医里用作艾灸、艾绒的原料。做药的艾草气味更为浓烈辛辣，理论上并不合适直接食用。无奈这几位无论外形还是亲缘关系都十分接近，民间就常混淆，一同都称为"艾叶"了。

光是它们也就够了。但蒿属还有另一样也适合清明时吃的东西，不提实在不痛快——蒌蒿，也叫芦蒿或藜蒿的。《本草纲目》里称之为"水艾"，以与陆生的艾草等相对："（艾）处处有之，有水陆二种，《本草》所用，盖取水生者，故曰生中山川泽，不曰山谷平地也。二种形状相似，但陆生辛熏，不及水生者香美尔。"不同于陆艾在古时多为药用，水艾却是很正经的一道菜：茎干修长清脆，顶着一把像艾叶却更细小光滑的叶子，至于它的味道……要怎么说呢？像是浸润良久后扑面而来的水泽腥气，加

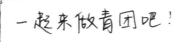

一起来做青团吧！

1.野艾蒿的嫩叶用滚水余烫一下。　2.使用各种工具将之打成泥状。

3. 糯米粉加水，加野艾蒿泥，
   搓成小团，切成块。

端午节要插菖蒲艾叶，
这个艾叶并不是
做青团用的野艾蒿哦。

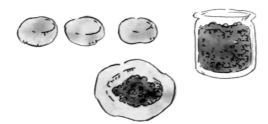

5. 底下垫油纸或竹叶，
   上锅蒸熟，放凉后食用。

4. 包入之前准备好的陷料，
   揉成光滑的团子。

上草木萌发的鲜嫩沁人。古往今来的美食家们因此而偏爱——苏轼所谓"蒌蒿满地芦芽短"，及汪曾祺所谓"身上有春来新涨的江水的气味"，说的都是它。好在味道、外形、产地都大有区别，水艾早就安安心心从了芦蒿的名字，也不太会有人为它和野艾蒿一众的关系所困惑了。

还是说回青团。虽大体都是那么回事，但江东江南，来自各地的人都有些不同的叫法或制法。如艾糍，艾团，艾草粑粑，清明粿，清明团子，凡此种种，有的是将野艾蒿叶剪碎直接参与和面，有的则是做成饼或饺子的形状，并以新笋、火腿、梅干菜为馅，吃来不同豆沙芝麻的甜美，而是咸鲜。再有甚者，虽也借青团之名，但用以染成青绿色泽的草木材料，却与野艾蒿、五月艾并无关系：光我听说过的，就有上海用小麦草，安徽用鼠鞠草，浙江用泥胡菜，此外还有苎麻、菠菜等数种。站在个人立场，虽会暗暗嫌弃它们都不够正宗，但青团，能染出足够纯粹天然的"青"，理应知足——毕竟在传统糕点的阵营里，除了它，再没有谁是可以一身翠绿作为标榜的。

对了，同处汉字文化圈的日本，也有类似的食物，他们呼之为"草饼"或"蓬饼"。据说最初以鼠鞠草制作，后来全面改为艾类植物，"蓬"即日文里对应的植物名。起源和做法都与青团高度重合，但食用的时间就不是清明，而是在阴历的三月初三——上巳节。春光一样是春光，翠色一样是翠色。

清明之前一二日，本是寒食节。是日所有人都不得生火煮饭，民间流传最广的说法是为了纪念春秋时的名臣介子推。但真正的原因也许未必如此。上古时代，四季取火用的都是不同的木材：春榆夏枣，秋柞冬槐，换季之际即也要更替柴火。春乃四季之首，新火未至，旧火也是不可以再升起来的。有时天地不仁，难免等上数日无薪火可取，大家素性都改吃生冷食物——虽说青团流传至今，乃是假借清明之名，但传统做法里最终都要放凉后食用，反与寒食有关。

莫名想起一句诗："春草明年绿，王孙归不归。"

采蕨

《诗经·召南·草虫》
陟彼南山，言采其蕨。
未见君子，忧心惙惙。

蕨类植物很多，但蕨菜，特指蕨科蕨属"蕨"这一物种的初生嫩芽。虽说长成的蕨叶似凤尾一般，舒展、翠绿、精致，但刚生出来的样子，或许会有些诡怪。古书里形容它"状如小儿拳"，颜色晦暗，姿态警惕，一支支自幽僻之处升起，凭空看去，叫人望而却步多过向往。可见最初找它们来吃的人是多么走投无路：春光遍地，清秀丰沃的野菜何其多，何以轮到其貌不扬的蕨芽？一如古书里说它"味甘滑，肉煮甚美。姜醋拌食亦佳"，虽描述得细致，最后落脚点仍是"荒年可救饥"——一道若非情不得已，并不会叫人发现的菜。

江山社稷从来寄托于稼穑之上，稼穑丰歉，似乎又听命于天。老天爷若不赏脸，饥荒一旦降临，再多的远大抱负都不作数，说到底，食物在谁手上，谁就是人生赢家。大概正是因此，蕨菜成为劳动人民的重要伙伴：漫山遍生，坚韧繁盛，不仅嫩茎叶可食，腌渍后可保存一年，地下根茎亦可提炼丰厚淀粉，如《本草纲目》所云，"根紫色，皮内有白粉，捣烂洗澄，取粉名蕨粉，可蒸食，亦可荡皮作线"——线即米线、粉丝，蕨粉类似藕粉、薯粉、葛粉，相较嫩叶，更适合作为填饱肚子的材料。再比之同类的莲藕薯蓣，蕨菜们个头虽小，习性却更强健，能提供的食材也更多样化，更适合用来诠释大自然赐予人类的满满善意。如今我们背诵《诗经》，看上去只是一句"言采其蕨"那样简单，但相信我，你若没有被逼到田园将芜、颗粒无收，乃至于荒野里满地找吃地找到山穷水尽，怕是不会明白古人对蕨菜那深沉弥久的爱。

蕨根粉

　　虽然对饥民而言，能填饱肚子已是万幸，但也不得不说，蕨菜的味道确实好。当然，大部分流传到今天的野菜肯定都好味，但吃多了，往往也觉得雷同——无非都是三寸春光在舌头上生长发挥的感觉，带着一股从地底下升起来的野性与清鲜。可蕨菜不是这样。它细嫩、柔润、滑美，吃来仿佛有种养尊处优的质地，断不像是从荒郊野外长起来的，形色阴暗的小草。除却凉拌、清炒、腌渍久存，搭配其他食材也大有发挥空间：与春笋一起炖排骨，与木耳一起炒鸡蛋腊肉，甚至韩国人的烤肉和石锅拌饭，也常见它的辅佐。当然，对于我这样中意它味道的人来说，怎么做都不太重要；只要属于蕨菜的鲜香和细嫩还在，其他所有烹饪原则，都是无所谓的。

　　可必须要讲一件很煞风景的事：蕨菜是会致癌的。

　　这绝不是捕风捉影，危言耸听。虽我并未听说有人吃蕨菜吃到沉疴加身，但铁证如山，任凭再喜欢蕨菜好像也无法回避和反驳。致癌作用来自蕨菜全株中都含有的原蕨苷（Ptaquiloside），早在几十年前，它已被证实对动物体有普遍的致癌作用——通过与 DNA 上的腺嘌呤反应而导致细胞发生突变，成为癌细胞，世界多地都存在牛羊大量食用蕨菜致亡的案例。只是人类并不如牛羊那般，日日生吞大嚼，加之从前医药不精，死亡有太多原因，是以那么多年来，从没有人怀疑过它。

这里需要说明的是，"致癌"和"有毒"是两码事。毒性也许立即发作，致癌作用，却往往是间接而潜移默化的。只要不超出人体自愈范围，也很难说有什么切实的害处。但科学世界，总得讲公道：致癌就是致癌，这一点蕨菜难辞其咎，即便吃了这么多年下来安然无恙，也不能说它就是安全的。当然了，人生苦短……以我私心想着，偶尔放纵一下倒也无所谓。多吃一盘蕨菜带来的生存风险，恐怕并不高过生命中需要面对的其他种种压力，或意外，或污染……只要不与他人有碍，就足够了。

中林春雨蕨芽肥。四月的山林苍翠，仍能看到许多人挎着篮、提着袋，走在采蕨的路上。是出于怎样一番心思呢？不知道，许是感于新奇，许是贪恋美味，许是相信它的"纯天然""养生"，但如当年那般饥肠辘辘、惶惶不可终日的，应该没有了吧。现在回头想想，蕨菜的存在，与其说是上天有好生之德，给予人间的恩赐，倒不如说是设下一个微妙的局——满盘春色之下，有关"生之愉悦"与"死之警醒"的抉择，有关"信任实际经验"和"遵循科学规律"的抉择。吃还是不吃，这是个问题。

蕨根粉调制的羹。

蕨类植物（Fern），是对蕨类植物门（Pteridophyta）以下各种植物的统称。
它们当中的大部分物种分布于热带、亚热带，
是存在时间超过四亿年的古老生命。
今天，许多蕨类植物仍然在人类文明中扮演重要的角色。
介于高等——低等植物之间的特殊属性，古老的生长历史，
也是它们成为重要研究对象的原因。

苹（田字草）
Marsilea quadrifolia
苹科 苹属.
(是的.它也是 蕨类的一种.)

铁线蕨
Adiantum capillus-veneris
铁线蕨科 铁线蕨属

巢蕨
Neottopteris nidus
铁角蕨科 巢蕨属

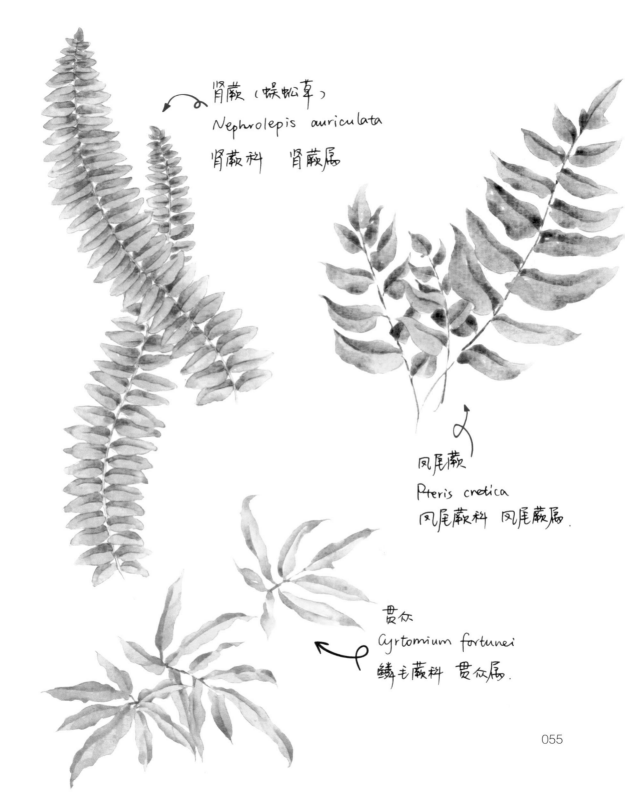

肾蕨（蜈蚣草）
Nephrolepis auriculata
肾蕨科 肾蕨属

凤尾蕨
Pteris cnetica
凤尾蕨科 凤尾蕨属.

贯众
Cyrtomium fortunei
鳞毛蕨科 贯众属.

谷雨

初候萍始生
二候鸣鸠拂其羽
三候戴胜降于桑
草长莺飞
春到最深处
香椿鲜浓
洋槐堆雪
榆钱买春风

056

谷雨，三月中。自雨水后，土膏脉动，今又雨其谷于水也。

雨读作去声，如雨我公田之雨。盖谷以此时播种，自上而下也。

○ 暮春

宋·余靖

草带全铺翠，花房半坠红。农家榆荚雨，江国鲤鱼风。
堤柳绵争扑，山樱火共烘。长安少年客，不信有衰翁。

人说雨前香椿嫩如丝，雨即谷雨。这个时节于它，一如英雄、美人之于迟暮：你老了，大好的江山，万千的宠爱，是时候该让一让了。

香椿能怎么办呢？它与春的羁绊实在太深。开春，它便上市，自三月里，即有小把嫣红细嫩枝叶，以草绳捆缚成束，少量的在菜市场显山露水。卖菜的人绝不为之高调吆喝，但过往行人还是很知道它的好处：随便走到哪个摊子前，都有机会看到驻足流连者，拈起一把，问："香椿头怎么卖？"

"七十一斤。"

真贵。对勤俭持家的人来说，这本是不该考虑的。纵如此，还是卖得很快，三三两两的香椿头，渐渐就从搪瓷小盆里消失了。买它如买一段适时春光，力所能及的范围内，还是值得享受享受。

我不知道有没有人讨厌香椿头。我没有见过，但想来应该是有的。它的气息、滋味，那么浓郁，好似一个性格十分鲜明犀利的人，招来的感情也总该是十分强烈的。譬如榴莲、香菜、臭豆腐……爱的人嗜之如命；恨的人呢，连与之共处一室，都不能忍。香椿，应也是的吧。

但比之榴莲、香菜，香椿的口碑好像一贯好很多。当年庄子作《逍遥游》，即有"上古有大椿者，以八千岁为春，八千岁为秋"之句，如今一般认为说的就是香椿。八千春秋，万寿无疆，何等伟岸！怪不得后世以"椿"做了父亲的代言。古人所谓"椿萱并茂"，椿即父亲，萱（萱草）即母亲，这样的话即是指父母康健。讲究的人家，也会在中庭堂前种上这两种植物，游子远行之际，惟此草木可作孝心的一点寄托。

这托物言志的手法，反过来想想也很有道理。椿芽可食，萱草花亦可入馔（它的近亲便是黄花菜）。不仅味道鲜美，且就算用最苛刻的饮食标准来分析，它们也绝对称得上营养丰富。仿佛当真如双亲般心心挂念着孩儿的饮食起居，从此天涯何处，皆可靠它们活命保身。这等用心，不能不说是良苦的。

椿与成熟男性的联系，在其他许多相关词语中亦有之。如"椿年""椿龄"，俱是面向男性长辈的祝词。写在贺帖中，颇有腔调，只是现代人不一定懂。相比上古的神木，如今大家似更在意"香"———一方面因其滋味馥郁；另一方面，也是为与类似植物有所区别。比如臭椿：若论树形、叶片，这二位实在很像，但摘下来搓一搓，闻一闻，气味就大相径庭了。

也不能怪人家臭椿。它和香椿其实毫无亲缘关系，一个是苦木科，一个是楝科。全因人类做了这种乱点鸳鸯谱的事儿，看人家生在一起，长得有几分相像，便凭空认为应是一家子。两个名字流传多年，纵使后来我们寻着了科学根据，想要翻案，落在普罗大众口中也终究是不能了。

香椿头初上市时太贵。进入四月，天气渐暖，你见它在菜市场抛头露面的几率激增，乃至被叫卖的声音越来越大，即为降价的征兆。但没有谁因此嫌弃它，反而更多人络绎不绝前来品尝这春深似海的味道：洗净了下沸水汆烫，原先的深浓颜色必猝然变作最鲜嫩明亮的青绿，切碎了拌豆腐、炒鸡蛋，都很好。放入口中，激活出一腔饱满鲜香、浓郁滋润。有时会让我觉得吃着它，像是在欣赏一幅极细腻精妙的工笔画——春光浓得化不开，至此可全部由舌尖来领会。

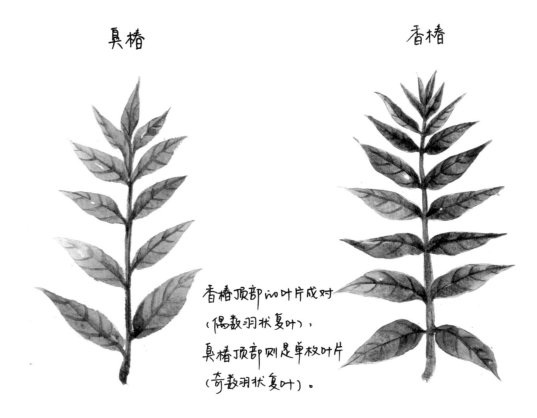

臭椿　　　　　　　　　　香椿

香椿顶部的叶片成对
（偶数羽状复叶），
臭椿顶部则是单枚叶片
（奇数羽状复叶）。

但春天一旦过去，香椿头也就跟着过去了。几夜春雨细密，凝聚着紫红色嫩芽的枝头便连绵展开一片翠色，叶片线条也一点点宽阔疏朗起来。再往下，便是绵长的夏，再想一亲芳泽只能是一年之后。也有不甘心的人，会趁春天尚未过去，多采一点香椿头来腌渍，以期经年留存。清《养小录》里，甚至有记载将香椿头晒干磨粉，用于烹饪的。太拼了。

我也许不懂挽留。于香椿，还是喜欢枝头最鲜活迸发的那一段光阴。香椿吃完，春天也就过去，这样一个告别，顺其自然，理所应当。想到时光轮转一圈后，还有再会，对接下来的生活，总归是多了一份期待。这也是很好的。

来做好吃的香椿炒鸡蛋吧！

1. 新鲜的香椿头，
   叶片应是油亮挺拔的。

2. 烧一锅开水，
   将洗净的香椿头放入氽烫。
   全部变为嫩绿后捞出。

3. 放凉的香椿头切碎，打散鸡蛋备用。

4. 锅内下油烧热，
   将剁碎的香椿与蛋液
   混合后下锅。

   视个人口味调盐、
   味精、酱油。

榆钱槐花

槐花和榆钱是许多人的乡愁。但很遗憾，我都没有正经吃过。槐花的槐，榆钱的榆，严格意义上皆属北方植物；而我长期在长江流域混迹，见到它们的机会就不是很多，身边也没有人煞有介事寻它们来吃。如小学生课外阅读上写的那样，春天来到，小孩子们爬上树一串串捋了榆钱或槐花直接放入口中——是我从来没有看过也没有经历过的。但因此，心里反而有种盲目的相信：在我未曾涉足的华北平原，淳朴的乡居生活里，槐花和榆钱一定是不可或缺的。

这样的想法，我没有和任何一个北方朋友

求证过。也许是真的还不够熟悉，也许是怕他们说：
"并没有。"于是坏了我多年苦心经营的想象。是哪一
样呢？

　　江南常见的行道树是：香樟，女贞，银杏，垂柳，
悬铃木。榆树和洋槐虽也有，但真的少，绝不如前面
说的那几位出镜率高。我第一次近距离观察榆树是在
公园里，不起眼的一株，为花事磅礴的樱花和玉兰所
淹没。树形瘦峭，仿佛还在伸懒腰，并没有完全舒展
开的样子，连带枝头榆钱也是细细小小的，一团皱缩。
趁没人注意，偷偷揪几片放进嘴里，全神贯注地品味，
也并无味道——于是就叫我失望。为什么别人的口中，
榆钱却那样饱满玲珑、香甜可口呢？"我吃到的一定
是假的榆钱。"——心里这样赌气想着，却知道事实并
不是如此。所谓一方水土养一方人，对于树木，可能
也同样适用的。

　　但我在南方见过很好的槐花。都不用出门，阳台
对面便有一株，隔着些距离，年年能看到它生发碧叶，
开出如雪白花。周围似乎没有人知道它可以吃，于是
槐花们就寂寂开着，至多不过半月，几点零星雨水过
去，它于是又寂寂地谢了。一地花瓣如余烬，虽然孤
芳自赏，却也心安理得。另有一次是坐车经过苏南乡
间，到某个路口，前不挨村后不挨店，却老远就能看
见一树洁白脱俗在红尘中开着。脑中立马想起汪曾祺
说过的：白得耀眼，像下了一场大雪……开得这样好，

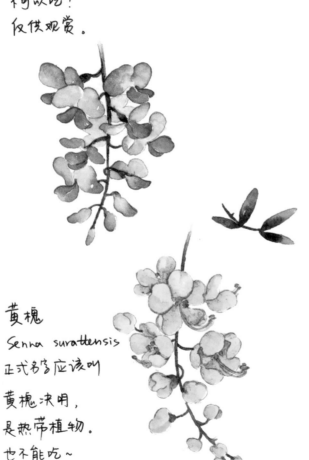

毛洋槐
Robina hispida
与洋槐是"亲戚"，
但花为红色。
不可以吃！
仅供观赏。

黄槐
Senna surattensis
正式名字应该叫
黄槐决明，
是热带植物。
也不能吃～

却没有汪老笔下赶了蜜蜂去采蜜的老师傅，也没有爬上枝头贪吃的孩童。我咽咽口水，车辆带着我的遐想义无反顾地远去了。

南方的槐花与榆钱，是否大部分都这样度过了一生呢？

榆钱好认，槐花却不。因为叫"槐"的植物实在多，能吃的只有这一种，花朵雪白丰沛，四五月间开放，正式名该是洋槐或刺槐。树如其名，其实是原产美洲的海外物种，清末民初才引入国内，并没有什么特别悠久的传统。与它同属另有一种毛洋槐，全身上下十分相似，只是花朵呈艳丽紫红色，一般只作观赏而不食用。除此之外，又有夏秋开花的国槐，花朵比洋槐们细小零碎得多，但历史悠久，北方常见做行道树；以及华南热带地区

的黄槐决明，花朵金黄，本与国槐、洋槐们也不见得很像，大概南方人以讹传讹，有所附会，于是也有了"槐"的名字了。

　　细想想，槐花和榆钱的很多做法是重复的。如槐花饭 / 榆钱饭（说是饭，材料却一般是面粉或玉米面），槐花饺子 / 榆钱饺子，槐花窝窝头 / 榆钱窝窝头……大部分都是面食，可作主食用。和许多野生食材一样，它们最初只是为了填补饥荒时期的空缺，至于群众的物质条件变好之后，就转身成为天然雅趣和童年情怀的代言了。想想看，对小孩子来说，确实不会再有哪一种树比它们更可亲了吧：每一条枝干都是一场盛宴，置身其中，开怀大吃，畅快满足之感一定远甚于普通蔬果。真想体验一回啊，这样只属于淳朴童年的、与现代文明无关的畅快感——毕竟，若在都市里见到洋洋洒洒打榆钱、打槐花的人，就实在煞风景：有些天真可持续一辈子，有些却不行。

《书窗即事二首（其二）》
宋·朱淑真
一阵挫花雨，高低飞落红。
榆钱空万叠，买不住春风。

立夏

五月四日或五日

初候蝼蝈鸣
二候蚯蚓出
三候王瓜生
暖风熏然欲醉
草木郁郁葱葱
枇杷芬芳漾齿
豌豆柔嫩娇憨

立夏,四月节。立字解见春。夏,假也,物至此时皆假大也。

○ 立夏
宋·陆游

赤帜插城扉,东君整驾归。泥新巢燕闹,花尽蜜蜂稀。
槐柳阴初密,帘栊暑尚微。日斜汤沐罢,熟练试单衣。

豌豆公主

我有个少女心，所以很喜欢小清新的食物，如豌豆。

豆类虽多，然而蚕豆、芸豆之流，比豌豆都显粗笨；红豆、绿豆细小，却又干巴巴硬邦邦，一点没有鲜嫩水灵的质感。是因为这个缘故吗？即使要挑选一粒豆子出来，放在十几层丝绒被褥之下扰乱公主清梦，也只能是鲜绿的、娇滴滴的豌豆，方才衬托出整个故事金尊玉贵的气质。连我这种少女情怀的人，小时候读童话都觉得公主好生矫情：潦倒沦落至此，有张床睡算不错了。非但不感恩，还计较一颗那么可爱的小豆子。这就是所谓的"公主病"么？

公主们不喜欢豌豆，可我喜欢。豌豆是我最喜欢的蔬菜之一。喜欢到何种程度？大约就是连续一两周，主菜只吃清水煮豌豆，也不会觉得腻烦。有段时间一个人住，春天吃得最多的便是两样：白灼芦笋、水煮豌豆。既满足味蕾，又不费事。前者还好，后者在许多人看来简直是不可理喻的事情……他们瞠目结舌地说："这怎么吃得下去？"我只能报以傻笑。当然也会改进的啊！切些口蘑、火腿，点一点麻油，这样总该为大众所接受了吧。此外与虾仁、培根同炒，或搭配黄油、乳酪做浓汤，也都很好。可我内心还是寄希望于豌豆自身，喜欢它彻彻底底做一个纯粹的主角：碧绿的一碗，粒粒饱满鲜润，粉糯中带着丝丝清甜……和着白米饭，趁热吃下肚去，仿佛整个人都变得轻盈清亮起来，如一颗新鲜的豌豆。

说真的，豌豆做菜，往往是以配角身份出现。洒一点在披萨上、炒饭里，于浓墨重彩中引入点点清流，与其说是增味，倒更像是视觉上的点缀。但也有靠它"画龙点睛"的时候：立夏的豌豆糯米饭。取豌豆粒与香肠、玉米、新笋、糯米一并蒸熟，那样子实在秀丽得惊人：新绿嫣红，鹅黄莹白，细细颗粒一如满盘碎玉琼珠，伴随着热腾腾的香气预兆着夏日扑面而来的丰富。至于滋味，更是无可挑剔——缠绵的糯米浸透在香肠的油润里，再加新笋柔嫩，玉米鲜甜，豌豆清爽细腻，每一口都是这个季节的绝佳馈赠。也不知道别人家小孩怎样，反正我，每一年见到从厨房捧出来那一大瓷缸的花饭，都是彻彻底底被征服。

野豌豆苗
《诗经》中的"薇"就是它，
和豌豆是两个不同的东西。

豌豆煮饭其实是有讲究的。火候不到会夹生，煮过了头，又会烂熟。青豌豆变为叫人垂头丧气的黄，再没有小公主的鲜嫩模样……故我一直对老北京的豌豆黄略有偏见。虽说这是宫廷糕点中一道经典之作，但在去往北方之前，我却有很长一段时间质疑它的真实性——碧绿的豌豆，做出来怎会是黄的？这里面一定有古怪。后来才知道，豌豆还是豌豆，却是另一白色品种。去皮的白豌豆研成泥，磨成糊，即可加糖入模做成糕点，细滑香甜，据说从达官贵人到贩夫走卒无人不爱的。

豌豆的嫩叶亦可食用。一把盈盈可握，玲珑碧玉的豌豆尖，和菜心、芦笋属同一类型。此外又有野豌豆——在春日的郊外草地里，那些媚眼如丝、妖娆缠绕的纤细藤蔓，以及小巧碧叶间开出的胭脂色的花。两者同为豆科野豌豆族，但不同属；比起豌豆的纯情可爱，野豌豆则野性而清贫。《诗经》里说"采薇采薇，薇亦作止"——这"薇"就是野豌豆，也叫大巢菜。商朝末年，天下动荡，伯夷叔齐二人避入深山，宁死不食周粟，藉以果腹的便是这薇菜。然而时间何曾等人呢？春天一过去，"薇亦刚止"，变得生涩坚硬不可下咽，周朝之人又步步紧逼，他们惟有饿死山中的道理。从此"采薇"一词，在清新淳朴之外又有了高傲的风骨。风一过，满地薇菜点头，那么久远的故事已经没有人能说清了。

荷兰豆
算是豌豆的一种。
区别在于果实很小，
豆荚很嫩，
直接炒来吃。

枇杷一树金

若要评选感动中国的十佳植物，枇杷树一定榜上有名。这要多亏归有光先生那一篇《项脊轩志》，絮絮叨叨拉了半天的家常，最后停留在一句话上："庭有枇杷树，吾妻死之年所手植也，今已亭亭如盖矣。"于是无数后来人跟着心有戚戚，连带这株当时只道是寻常的枇杷树，也跟着一并名垂千古。这句子很么？恕我无法感同身受。我的伤情，仍停留在苏轼的松、崔护的桃，甚至，章台的柳。但有一件事却不能不赞同：若把枇杷换做别的树，其情其景，也许是要打折扣的。

枇杷当真是种颜值很高的树。我家楼下就有一棵，不大不小，用以驻足凝望，刚刚好。我见过的所有枇杷树形态都好看，疏密有致，舒展自如，直叫人想起"谦谦君子，温润如玉"的话来。我凝望那株枇杷树好几个年头，风来雨去的岁月反复打磨，它却仿佛比别的草木更持久些，浓荫华盖，颜色如故。从不凋零，从不枯槁，仿佛真有一腔细水长流的爱在缓缓输送。

所以说，纸上得来终觉浅。不对着一株枇杷树看上几年，哪里真的能体会到那种温情脉脉。

古人早早看中了枇杷这点好处。他们说它秋日养蕾、冬季开花、春来结实、夏初成熟，不仅一年四季都有看头，且是"果中独备四时之气者"。另外三条倒也罢了，但它一个来自华南地区的树种，性喜温暖，又是阔叶，却能做到四季常青，这就很不容易；更何况十一二月，万物凋敝，它却开花：这也不是一株寻常果树能做到的。我们认识的生命周期都是春华秋实，司空见惯，偏偏它要与众不同，非要故意慢几个拍子，看上去真像是反弹琵琶，故意跟别人倒着来。

枇杷花并不起眼。加上花期实在不走寻常路，故注意到的人并不多。小小弱弱的一串掩映在浓郁枝叶间，颜色也寡淡，有点像是放久了的纸，或不够纯粹的珠石，又像《雪山飞狐》里，程灵素那苍白蜡黄的脸色。但程灵素聪明伶俐，枇杷花也是：它那么香啊！是极清爽、极温馨的芳香，在天寒地冻的冬天里，闻着这香气就叫人心怀快慰，根本不需计较那花儿到底长什么样。我因此也觉得枇杷的确担得起美誉，是非常有智慧的一个存在——既然长得不如你们漂亮，那我另辟蹊径，忍耐一点低温，总是可以做到的吧。噢，对了，枇杷花亦可入药：算上这么个本领，它跟程灵素真是像极了。

程灵素没有好结果。但枇杷花有。十一月开花，掐指一算，半年过去，不起眼的枇杷花就蜕变为金灿灿的鲜果。文人骚客们一哄而上，围着树枝开始大唱赞歌："树繁碧玉叶，柯叠黄金丸""东园载酒西园醉，摘尽枇杷一树金"，一整个春夏的阳光灿烂仿佛都被它占

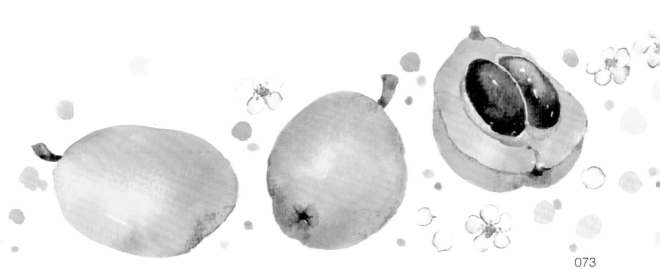

超简单又好吃的枇杷糖水~

冰糖

1. 枇杷洗净，剥皮。

2. 对半剖开，把核去掉。
   最好把里面的白色筋络
   也撕掉。

3. 锅内加水没过枇杷，
   加适量冰糖。

   煮15~30分钟，
   果肉变软就可以了！

Tips：
① 冰糖数量自定，
   喜甜可以多放一点，
   也可以煮好后调入蜂蜜。
② 煮到果肉变软、变黏稠即可，
   时间灵活。

大叶耸长耳，一梢堪满盘。
荔枝多与核，金橘却无酸。
雨叶低枝重，浆流沁齿寒。
长卿今在否，莫遣作园官。
——宋·杨万里《咏枇杷》

尽。然而顺着这思路想下去，却更觉得枇杷不易：你见识过南方的冬天么？虽无狂风暴雪，但那阴冷绵湿，如一个细细说来的恐怖故事，寒意不动声色便渗入骨子里。多少树木为了保命连一身叶子都丢掉，枇杷却安之若素，悄然结起果来。

低温，无光照，最不利于水果积累养分。枇杷却偏偏做到了，且是那么酸甜、清香、汁水酣畅、颜色明亮、肉质丰厚的果实。吃在嘴里，谁会想到天寒地冻时的忍辱负重？最大的温柔，莫过如此了吧。

枇杷的花、果、叶，均可入药，被认为是止咳平喘的佳剂。都不需要炮制，只做新鲜食用，或沏为茶水，就能给咳嗽之人带去抚慰。除了花与果，它的叶子也有趣：肥头大耳，背后覆一层绒毛，摸上去无限温软萌动。据说枇杷之名，正是因其叶阔如琵琶，于是演化而来。把枇杷叶剪碎了泡水，也有股和顺清气，和枇杷露、枇杷花煎汤有类似效果。如此由内而外的治愈力，一身上下的温存，慰藉的倒并不只是归有光一个人了。

小满

初候苦菜秀
二候靡草死
三候麦秋至
天气愈见暖热
万物少得盈满
桑葚紫　蓬虆红
莓果摇摇欲坠

076

小满，四月中。小满者，物至于此小得盈满。

○初夏曲
唐·刘禹锡

节过繁华，阴阴千万家。巢禽命子戏，
园果坠枝斜。寂寞孤飞蝶，窥丛觅晚花。

莓这个字，英文谓之 Berry。字典里解释为"果实很小、聚生在球形花托上的植物"。言下之意，是说它并非某一植物的专指，而只要符合条件，都是可冠以此名的。于是以形态分，有草莓、蛇莓、树莓；以颜色分，有红莓、黑莓、蓝莓。莓果们普遍娇小甜美，艳丽易碎。比起其他水果，它们格外容易叫人想起从前的话：好的事物永不耐久。

不知是否因为这样的联想，莓果于我的印象总停留在暮春初夏的熏风中。其实按理说，它们种类繁多，成熟期从春至秋皆有，根据地区气候也有所不同。我在九月的欧洲山林徒步，就一路摘食路边成熟的黑莓。黑莓是小灌木，茎上有倒刺，沾着纤纤蛛丝。许多莓果植物皆如此。指甲与掌心俱被丰富汁液染得浓紫，味道是甘甜的。甘甜里又有花香——是属于暖春

莓
果

079

草莓 Strawberry

蔷薇科 草莓属

的，典型蔷薇科植物的芳香，从舌尖透过头颅，脑中仿若盛开了一朵朵皎洁白花。我觉得那时候的自己像贪食蛇——边走边吃下去，每当立定心意要就此收手的时候，总有更大颗更鲜浓的果实冒出来。罪过。

野生黑莓在华东地区并不多见。我们这边多的是蓬蘽（lěi），同属蔷薇科，同样开白花，果实却鲜红，成熟在五月。这名字实在太拗口，不认识也正常。我听说有的地方叫它野草莓或个个红——确实个个都红，和草莓也是近亲，却并不一样。此外又有各种悬钩子、覆盆子、空心泡，与它十分近似，皆为蔷薇科悬钩子属。这里面要逐一分辨实在太累人，反倒是西方人的叫法比较方便：Raspberry，有时译作树莓，有时译作红莓，泛指悬钩子属下那些鲜红欲滴的灌木型莓果。前缀 rasp，即有"粗木"之意。所以蛇莓和草莓不在此列：两者都是匍匐草本，草莓自己有个草莓属，蛇莓则是更细小的匍匐地被植物。蛇莓在野外也很多见，果实据说味淡，有小毒。人吃了虽无大碍，却也没有什么好处。

有意思的一点是，红莓们虽遍地野生，性情粗粝，熟悉山林草木者一般都认得，但一经采摘，搭配在精致奢华的餐点里，反而很像是养尊处优惯了，生来就这么娇滴滴的。这么说来，我很为原生境里的红莓们惊艳——被层层荆棘与藤蔓小心簇拥着，像全副武装之人的一颗温柔心，艳丽剔透，却戒备森严。这样的反差美，我是很喜欢的。

黑莓 Blackberry

蔷薇科 悬钩子属

蓝莓 Blackberry

杜鹃花科 越橘属

蔷薇科外，另一个集中出产莓果的家族是杜鹃花科的越橘属。其实成员不多，果实也只是寻常球形，严格来说并不符合"莓"的"官方要求"。但主要有个蓝莓（Blueberry），赫赫有名且与众不同。你见过多少植物的果实是蓝色的？我想并不多。故物以稀为贵，除了这纯粹的蓝色，也因为造就这蓝色的功臣：花青素。花青素是公认的抗氧化好手，养生保健里被提及最多。我从前就认识研究蓝莓的学姐，六月果实成熟，她一个劲怂恿我们多吃。"抗氧化的，吃多了对身体好。何况还这么好吃。"

越桔属还有一个蔓越莓，是源自英文cranberry的意译，有时也称小红莓。同样因为是泛称，所以可对应好几种植物——如越桔、红莓苔子等。它小，深橘红色，紧密着

蔓越莓 Cranberry

杜鹃花科 越橘属

生枝头；主要生长在欧美，中国则集中在东三省，喜欢冷凉气候。他们当地的商家也叫「北国红豆」，大约是与「红豆生南国」的对应。然而，无论叫红豆还是叫小红莓，其实都不太像；它的推广程度不及蓝莓，难为外地人辨认，或许也有没取好名字的缘由在里面呢。

　　说到名字，从前的女孩子取名很少用到"莓"这个字。"梅""玫"却很多。大概因为当年的"莓"和现代释义不同，其意为青苔——如常出现在古诗里的"莓苔"，即为此意。青苔晦暗阴湿，十分卑微，古典审美里并不值得称颂。只有在审美渐为西化后，换位至这些娇艳甜美的小水果身上，方才露出别样的小女儿情态，叫人且爱且怜起来。想象一场属于少女的下午茶会，一定会有各色鲜丽莓果出现在餐盘里，裙摆上，那样的招摇与热闹，那样风华正好的甜心……确是莓果们最该有的模样，大概，也是许多小小少女最想留住的模样吧。

红莓 Raspberry

蔷薇科 悬钩子属

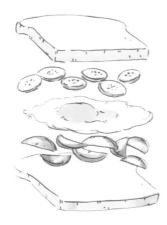

吐司
+
青瓜（黄瓜）
+
荷包蛋
+
火腿/香肠
+
吐司

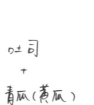

可以的话
再来一点沙拉酱吧！
作为增味，
也让各层组织泰站合更紧密~

点缀的莓果
+
酸奶（莓果1）
+
莓果2
+
燕麦片/玉米片/坚果
+
酸奶（莓果1）
+
莓果2
+
燕麦片/玉米片/坚果

从下往上堆在杯子里
♥

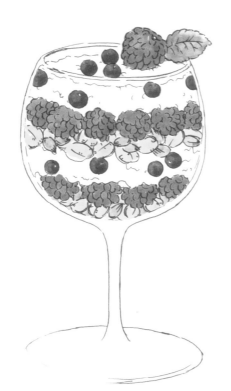

南风送暖麦齐腰，
桑畴椹正饶。
翠珠三变画难描，
累累珠满苞。

——清·叶申芗《阮郎归》

陌上桑

　　我总有个奇怪的念想。植物们落在眼里，往往叫我想起形形色色的人。如松柏是外刚内柔的硬汉，垂柳是风华绝代的公子，女贞是恒久忍耐的少妇。至于桑树，它叫我想起一位网友的譬喻：如吴越一带潇洒的民女，一袭青衫，手执短剑，翩翩作陌上舞。那样子看起来淳朴天真，实则已过了眼，舞尽了的，是千年的桑田沧海，风姿起伏。

　　我不知道你是否会认同这样的譬喻。但不能否认的是，桑树确是少有的与女人们有深深羁绊的树木。中学时我们都念过《诗经》里的句子，"桑之未落，其叶沃若"——"沃若"指丰腴之态，树与人的风姿就此跃然纸上。晚一点，又有以秦罗敷为首的采桑女们，素手红妆，映衬碧叶青枝，活跃于一众诗词曲赋。桑树里较低矮的一类，更被称为"女桑"——以其身姿娇小，犹若女形。所以，你要是与我说桑树身上没有同出一脉的阴柔美，我是不信的。

　　又岂止是身姿。以桑为起点，才有蚕，乃至丝绸，这一整套体系，在传统的社会分工中都应属于女人。我小时候，每年春天，班级里常会突如其来冒出来历不明的蚕：小小的

主白桑葚，据说别名叫作"珠玉"。

一条条，趁上课老师不注意的间隙，从一个文具盒转移到另一个。偶尔能得同学分上几条，带回家里，便一定央求长辈弄来最嫩碧的桑叶饲喂。一日日看着它们生长，蜕皮，逐渐变得白胖肥圆。及至吐丝时，便抬起身轻轻来回摇动，很努力的样子。但终归是虫，所以也有小孩子怕。好在我胆儿大，以手指轻轻拈了，放在掌心，那清凉饱满的生命力，遂透过肌肤，痒痒地传入身体。

我后来读过干宝的《搜神记》。里面有一则故事说，一户人家的父亲远征，为女儿所思念，遂对家中的白马说："你若能把父亲带回来，我就嫁给你。"白马闻言而出，果真很快地带回了父亲，那女儿却反悔，怂恿父亲将白马杀了，剥下皮来，悬示于墙。原以为故事到此为止，却不想那女儿仍不解气，一日奚落马皮说："你不过是个畜生，怎能求人为妻呢？"马皮腾空而起，卷起她飞走，遥遥地挂在了一株大桑树上。父亲找到的时候，被白色皮囊包裹的女儿已不再是人形，而是成了一只做茧自缚的蚕——对小孩来说，这故事是有些诡异的。但我不知为何却总觉得悲凉：是因为略显诡谲残忍的结局背后，白马那可望而不可即的爱么？

这故事流传后世，被加工成许多版本。不一而论。总之桑与蚕，与女子的因缘，是深深印刻在我脑海里了。每每邂逅桑树，心里的柔情便无来由平添几分，且见它枝条舒展，绿叶婆娑，摇动我一身斑驳光影，也很像是某种心照不宣的呼应。

好了，对看客来说，这也许是些无用的念想。正如五月过后，日子一天天暖濡起来，蚕的一生走到尽头，农家始煮茧缫丝，空留一树桑叶从此也不再有用武之地。但另一个好处来了——桑葚成熟，由青涩转嫣红再至深紫浓黑，对不养蚕的人来说，更为乐见。路边

有老农常以担子挑来，与樱桃、枇杷一并售卖。樱桃红鲜，枇杷黄熟，桑葚的深紫或许是不够抢眼，遂往往衬以碧青桑叶。都是一旦错过就不再的时新鲜果，甚至无需耗费力气叫卖，走过的人多半已忍不住，有意无意要多看两眼。但我并没有在街上买到过味道很好的桑葚：它们总有些急于求成的寡淡，又或者来不及与时光抢夺脚步，便匆匆熟过了头。

你是不是以为我要讲一个关于"童年的桑葚有多甜"的故事？不不。事实上，从小到大，在它们身上我都没有品尝过极致甜美的味道。失落感也许只来自内心过多的期许，那些风华正茂的故事，也为古人们众口一词，个个都满口说它好。他们说体虚的人吃了，能强筋健骨；垂垂老矣的人吃了，白发又变黑，兼耳聪目明，延年益寿。这当然都有些夸张；但古时遇到歉收，食粮短少，倒是确实会拿桑葚来晒干，或磨作膏，以充饥。吃着吃着，就想起从前的好日子，于是说的人当了真，听的人自然也就信了。

桑葚偶有的一点不好，大概来自它颜色深浓，汁液弄到身上，不容易洗干净。我念书时，曾与好奇的小伙伴一起在林间偷采桑葚吃，走出树林，两人俱作若无其事状，被染成胭脂色的手指却出卖了我们。但那又何妨？桑葚也有白色。一粒粒如乳酪般晶莹，又带一丝黑色斑纹，隐约间仍叫我想起当年的蚕。呵，喂饱了虫，又来喂人。我们的吃穿用度，它一口气解决了两样。真是一种慈悲为怀的树。

李白曾写："燕草如碧丝，秦桑低绿枝。"我很爱这两句。感觉上那是一种难以言说的温柔时光。有这样的情景，意味着那风日一定很好，粮食一定丰足，女子衣襟轻曳，款款而来。至于接下来是被官员调戏，还是被情郎辜负，都是尚未发生的桥段，暂且不用为之操心，需介意的只是今日的蚕有无喂饱，那枝头的果实是否已次第长大，渐渐青红玲珑。我想起别人书中写的句子：世上最常见的是名利，最难得是良辰美景。

 很简单的桑葚酒！

1. 新鲜、成熟的桑葚洗净晾干。
不能有溃烂哦。

2. 装入洁净干燥的广口瓶中，倒入白酒，
并加一些冰糖，酒没过桑葚即可。

3. 装好后密封，置阴凉处保存。
一般一个月后桑葚的紫色就会溶解到
酒中，开瓶过滤即可饮用。时间放长一些
也没关系的喔。

Tips:
① 酒的度数不能太低，
应至少在30°以上。太低则颜色不易
浸出，也会有变质的危险。

② 桑葚本身很甜，一般不用放很多糖。
可以先少加一些，浸泡几天后尝一尝。
有需要再补充。

芒种

六月六日前后

初候螳螂生
二候鵙始鸣
三候反舌无声
绿叶成荫
谷物忙收忙种　杨梅含酸
荔枝清甜
茭白肥美堪茹

088

芒种,五月节。谓有芒之种谷可稼种矣。

○ **芒种后积雨骤冷**
宋·范成大

梅黄时节怯衣单,五月江吴麦秀寒。
香篆吐云生暖热,从教窗外雨漫漫。

宋·苏轼《食荔枝》

罗浮山下四时春,卢橘杨梅次第新。

日啖荔枝三百颗,不辞长作岭南人。

给你讲个故事。为了荔枝和杨梅哪一个更好，岭南人与江南人吵得昏天黑地不肯相让。前者说荔枝是"玉女赛冰雪"，后者说杨梅是"星郎驾火云"，虽针锋相对，听上去却总有种欢喜冤家的味道。谁要它二位这样有缘分？都在六月里上市，都是一样的丹实点点、甜香细细，也都是一样娇滴滴的，容不得你一点怠慢。仿佛是约好了一般，其余的樱桃、草莓、枇杷、桑葚，时令鲜果们此时都一一退下，六月的舞台，只留给它俩。

但，若论名气，杨梅一定是输过荔枝的。这没办法。荔枝背后有杨贵妃乃至半壁盛唐传奇为之撑腰；换做杨梅，却是没有的。为什么杨贵妃与荔枝的故事那么为人津津乐道？一定是因为气质相似吧——如《长恨歌》里的"温泉水滑洗凝脂"，或《丽人行》里的"态浓意远淑且真，肌理细腻骨肉匀"，完全也可以用来形容荔枝的丰姿绰约。我小时候不谙男女之事，读这些诗总无从体会其香艳，但至荔枝上市，剥开一颗，冰肌玉骨，露华浓浓，这数排字句会立刻在脑海中闪现：哦，原来是这样啊！

还真是要多亏了贵妃娘娘。虽秦汉时即有关于荔枝的记载，但真正被发扬光大、推而广之，却是在唐玄宗之后。以白居易为首，荔枝轻易俘获一群铁杆粉丝，溢美之词无数，不知是否沾了"一骑红尘妃子笑"的光。可以肯定的是，宫廷妃子的需求一定大大推动了荔枝的栽培与保鲜技术，如重庆涪陵即建有专门为之供应的荔枝园，亦称"妃子园"，一整条优质供应链直通长安，并渐渐推广至整个中原。这难道不是好事？所以后来多少骚客一边骂着贵妃奢侈，一边尽情享用着荔枝的美味，那逻辑我是不太想得通的。

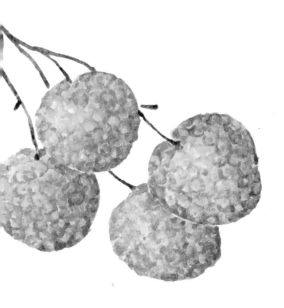

杨梅就没有被哪位尤物看上过。没有也是好事：吴越并不缺英雄美人的情节，若当年的西施、江东二乔，有任何一个以杨梅为本命，只怕它身负的"红颜祸水"之名也不会比荔枝少到哪里去。没有噱头，杨梅乐得清闲：关于它的记载都只停留在果品赏鉴阶段，大家比较关注的问题都是"什么样的杨梅最甜""哪里产的杨梅最好"之类。按李时珍的说法，杨梅"有红、白、紫三种，红胜于白，紫胜于红"，但我听说白杨梅也是很好的——通体乳白，绰号"水晶杨梅"，古人呼之"圣僧"，不多见，据说要卖到上百元一斤。

杨梅有小虫。鲜果以淡盐水浸之，无数小虫很快就如琐屑般游弋而出。我有朋友曾为之惊骇，从此吃杨梅总不得欢喜，但实际上是无妨的。小虫是果蝇幼虫，肥白无害，于口感和营养都没有影响。我才不怕，介意的话，盐水多泡几回就好。

荔枝、杨梅都傲娇。上市时间有限，吃得多了，又会上火、会牙酸，故大快朵颐的机会只得那么一点点。这方面杨梅胜出许多，因可盐渍蜜渍，或浸烧酒，回味悠长，风韵不减当年。但荔枝就只能做果干或罐头，我嫌它们一味浓甜，至于曾在枝头芬芳丰腴的质地，则不复存焉。还有一个方子，是用荔枝炒菜。内核挖去，塞以肉糜或虾仁，辅以生抽；或直接清炒丝瓜，也有股鲜甜。这种吃法，我总怀疑是华南原产地的人民开发出来的，换作北方，荔枝何等金贵，鲜食都来不及，谁还舍得拿它去试这些不走寻常路的制法啊。

做成蜜饯的杨梅
黑乎乎的。
可是也更甜了，
小朋友会更喜欢吧。

杨梅冰和荔枝冰！

 剥皮去核  搅拌机

荔枝汁制成！

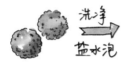 洗净盐水泡  加冰糖入水煮

杨梅汁制成！

把准备好的果汁与酸奶/牛奶混合均匀，

倒入冰棒模具中，放入冷冻室就可以了！

纯天然无色素无香料，口感棒之哒！夏天的味道哟～

暖风生麦气

《栩庵力高士与同散步二首》
宋·白玉蟾

老槐苍苍嫩槐绿，小麦青青大麦黄。
燕已生雏莺已去，落花不管蜂蝶忙。

芒种这节气，连带芒种时的谷物们，最能体现不同人群之间的审美趣味差异。文人眼中，春色满园、风花雪月至此要告一段落，因此《红楼梦》说这是很感伤的饯送花神的日子——农历二月十二迎花神，是为花朝节，亦称百花生日；到了芒种，春日的姹紫嫣红散去，花神就该走了。难怪万花之灵的黛玉要为之一哭。可我总觉得这节日可疑：翻遍了其他的古籍名录，却并不见得有谁能坐实"芒种送花神"一说。何况节气风俗，多是由庄稼人的立场而来，与红楼女儿们大不相同：芒种忙忙种，"芒"即"有芒之谷"——秋播的麦子即将成熟，夏天的晚稻也该种下去了。却哪里有工夫为落红感怀呢，和蒸蒸日上的气温一般，最繁忙也最好的时光，才刚刚开幕。

要我讲庄稼人的生活，我其实讲不出什么来。没有农家生活的经历，只养了一身喜欢伤春悲秋的毛病，非要强作拆解，自己都要先人一步惭愧的。小时候读书，读到《月令七十二候集解》里有"麦秋至"之句，说的正是小满到芒种一段时间，心里于是纳闷："秋"难道不是秋天么？明明是初夏，为什么要说"秋"呢？——那时当然还不知道，秋天播下的小麦，成熟正是在翌年夏天。"秋"之形容，乃是一个恰到好处的时机，与后来背诵《出师表》里"此诚危急存亡之秋也"是同一道理。若换做乡下长大的孩子，六月一出门，就能看见金灿灿成熟饱满的麦田……这样的疑惑，就一定不会有了吧。

我对麦子的记忆尽数来自另一些地方。如《小王子》，海子的诗，岩井俊二的电影，或者凡·高的画——一片深浅浓淡的金黄，笔触翻滚有如漩涡，有着可裹挟席卷观众的赤诚力量。身边不少朋友自嘲说欣赏不来印象派、后印象派的，

麦子的一家

水稻
最适合东亚气候的
谷物之一，
因此成为中国大部分
地区的主食。

小麦
欧洲冷凉气候
下的主食来源。
当然，
在中国的历史也
很悠久。

燕麦
"燕麦片"的来源
也叫雀麦。
比小麦更耐寒。

或许也未必是艺术修养的差距，只是因为生境有所不同，还未来得及去欧洲乡下的麦田里看一看——高纬度的海洋气候带来清冷的空气、碧蓝亮烈的天，低人口密度带来一望无际的广袤田野，将那景象在脑海中层层剥离、浸透、洗练、糅合，得到的确然就是画家们笔下那模样。人对于自己所从未经过的物事总缺乏感同身受的能力，正如任何一个未曾涉足东方世界的西洋画家，也无从描绘山水朦胧的烟雨江南。

这么说来，麦子确实是各种农作物中最富文艺情怀的一种。出现在小清新作品中的麦穗与麦田从无违和感，与面朝黄土背朝谈的农家人们所见，全然是两个极端。割麦子、拾麦穗，从来无关于浪漫的——麦芒扎手，天气燥热，使着镰刀的手笨拙而沉重，只在田间实习的课程中体验过一两回，也足以叫我印象深刻。这一活动周而复始，任谁也不会再把金色麦田的旋律记挂在心头了。带着一身被麦芒划破的红肿伤口，再看米勒的《拾穗者》才会有不一样的感受：色调固然是和谐的，画面固然是沉静的，但细细回味那主题，却觉得有十分的隐忍辛苦在里头。

麦子在中国的历史悠久。但放眼望

去，更适合代表东亚文化与美感的作物似乎是水稻。越是成熟，越是沉甸甸地弯下腰去，很有种东方人讲究的谦逊含蓄之美。稻子背后，更包含米饭、水田这一系列鲜见于欧美的形象，它因此构成中餐的精髓，也即东方风景中一道独具特色的理所当然。两汉时期形容江西一带的地产富饶，即是"田畴膏腴，厥稻馨香，饭若凝脂"，读来令人好生向往；但这也只是个别案例而已——当时的中国，水稻还并不算是最主流的作物。是要两宋以降，华南地区自中南半岛引入名为"占城稻"的稻米品种，更耐旱、更多产、更早熟，中国人的饮食和耕作模式才有了进一步的变化。再往下一千年，水稻与小麦的主食地位已无可撼动，至于曾经风光无限的黍、稷等，于现代人反倒陌生得很了。

大概出于农业社会的传统沿袭，文人与农人之间固然存在诸多审美兴趣上的区别，但彼此的追求，却又总能在田园村居中达成意外的统一。有名的诗人们往往虽爱桃红柳绿，但落到笔下，却也从不乏"把酒话桑麻"的淳朴情致，或"粒粒皆辛苦"的悲天悯人之语；麦穗所包含的双重意蕴，兼具"文艺"与"辛苦"，想来也是同样原因。写到这里，不免又想起《红楼梦》——大观园里的世界属于青春纯洁，属于如花少女。大家都有些琪花瑶草傍身，唯独寡妇李纨属于稻香村，俨然朴实无华的另一番生活。只看见姑娘出嫁，便勾起贾宝玉"绿叶成阴子满枝"的一腔悲戚来，殊不知永保无瑕的幻境只应天上有，落在现实生活中，倒是"晴日暖风生麦气，绿阴幽草胜花时"的手笔更堪长远了。

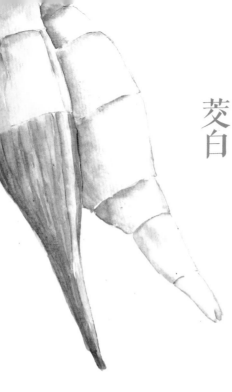

茭白

并不只是人生有阴差阳错，动植物身上也都有。如冬虫夏草，本是极平常的幼虫，被真菌寄生乃至丢了小命，死后反而身价倍增；又如郁金香，花瓣如丝缎般流畅光洁，感染病毒后变得扭曲斑驳，倒成了更奇异稀罕的观赏对象。可见命运的玩笑处处有之。至于茭白……虽不如前面说的这两位"好运"，但关于"因祸得福"这个话题，它应该也很有发言权：它的存在，亦是一个美味的错误。

让我们从很久以前开始说起。彼时，南方的温暖水田存在一种名为"菰"的谷物。和水稻一样，人们取它的籽粒为食，是所谓"菰米"，据说口感爽滑，从屈原到李白、杜甫都为它讴歌赞叹过。然而天有不测风云，菰很容易被一种真菌感染，生病后茎段膨大，形成好似蘑菇一般的肉质，所有的养分都被它所垄断。菰因此无法再抽穗结子，但也并没有更多病态，只是怀揣着这白花花的一截继续盲目生长着。人们注意到它的与众不同，开始是惋惜，后来却发现这被病害的部位反而有别具一格的好味道：细嫩、柔白、肥厚，在别处都不容易见到。一来二去，竟渐渐不再关注菰米，反而乐于见到植株染病，作为更受欢迎的水生蔬菜用。

菰就是茭白的前身。然而说这两个名字等同，却并不准确，因为菰另有个别名叫茭草，"茭白"应是针对染病后肥白茎段的称呼。当然，各地方言多有不同，如茭瓜、水笋、高瓜、高笋、茭手、菰笋……比比皆是。确实就口感而言，茭白更接近瓜瓤或鲜笋，说它原是植物茎秆，反而叫人出乎意料。许多用到笋的食谱，其实对茭白也同样适用——我做鱼香肉丝，用冬笋，但在没

《茭白》

〔宋〕许景迁

翠叶森森剑有棱，柔柔松甚比轻冰。

江湖岩假秋风便，如与鲈莼伴季鹰。

有冬笋的季节里，茭白也是不错的选择。

只是可惜了菰米。唐宋往后，关于菰米的记载迅速减少，想必是因为有越来越多人爱上了茭白的味道。一得一失，两相权宜，菰米只好被牺牲掉。但也有别的理由：外来作物大批入境，如番薯，如土豆，是更适合广泛种植的主粮。相比之下，菰米只能局限于江南水乡，产量也略低了些，在后起之秀的面前并无任何胜算，使命因此逐渐被替代——早些年的《尔雅》《周礼》，还将菰米列为可堪媲美熊掌的米饭界翘楚；到北宋的《本草图经》，就变成"古人以为美馔，今饥岁，人犹采以当粮"的凑合型食物了。

关于茭白的记述倒是越来越多。它不比菰米，种下去需小心伺候才能结出丰硕子实，管理上据说粗放许多。我看过一些在水乡孕育出的杂文和小说，常有提到农家门口的河流湿地，即使孩童也知道如何下去采茭白吃。但美中不足是在于它们多野生，又是染病而得的产物，故早期的茭白质量总参差不齐，肥美程度比之今日也略有逊色。只因造成病变的是一种黑粉菌，有时会在茭白内部留下丝丝缕缕黑痕，不仅吃起来不顺遂，看着也不美观，于是大家处心积虑想避免它的办法。明朝的《养月余令》有给出一条解决方案——"种茭白，宜水边深栽，逐年移种，则心不黑，多用河泥壅根，则色白。"茭白不白，便也有负于这名字了。即使今天也还偶尔能见到空心或黑斑的茭白，被厌弃地以"灰茭"之名称呼着。可见即使是意外收获，为人所用亦需要条件的。

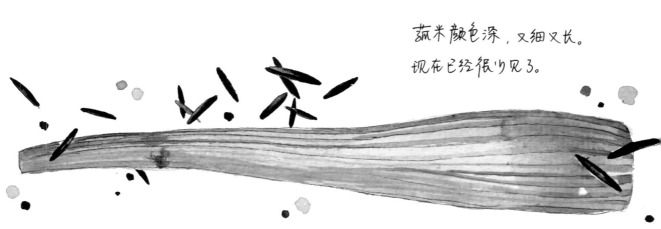

菰米颜色深，又细又长。
现在已经很少见了。

夏至

初候鹿角解
二候蜩始鸣
三候半夏生

白昼最长　阳气最盛

蕹菜逐波　丝瓜束绿

觅菜千金不换

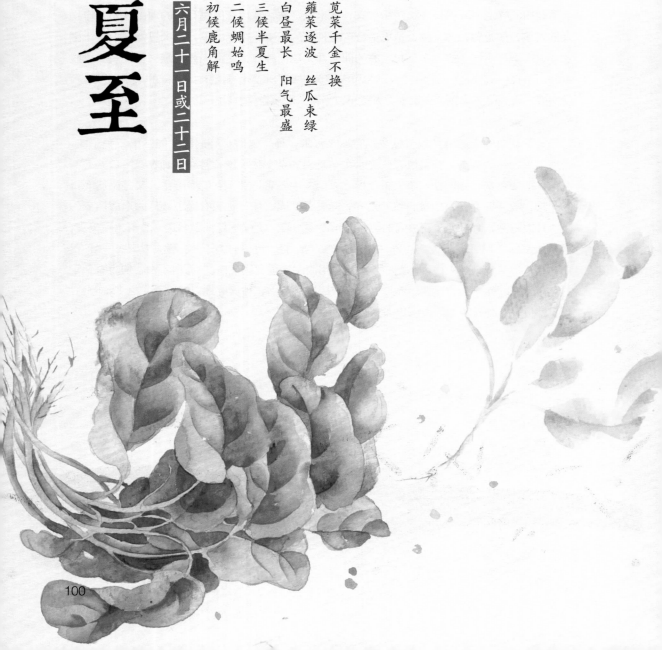

100

夏至,五月中。《韵会》曰:夏,假也,至,极也,万物于此皆假大而至极也。

○和梦得夏至忆苏州呈卢宾客
唐·白居易

忆在苏州日,常谙夏至筵。粽香筒竹嫩,炙脆子鹅鲜。
水国多台榭,吴风尚管弦。每家皆有酒,无处不过船。

不知道是否曾有小姑娘与我一样，对红苋菜有种情结。并非因为味道，而是烧出来汤色鲜红，吃着吃着，便吃出一嘴胭脂般的颜色。我小时候吃完总不肯擦嘴，流连于镜子面前，不愿离去，现在想想真是种很简单的审美。如今当然不会再做这种事了，但烧苋菜的时候，我仍为那一点点渗出的嫣红汤汁而欢欣。

苋菜算是夏天的常客。它最初来自印度，所以喜热，在国内，也是南方有较多种类与更长的上市时间。以前在北京，哪怕盛夏三伏天儿，市面上的苋菜也都是一片绿意盈盈，不见红色，下锅之后更与小青菜无甚区别。这总叫人略感失望：毕竟一年到头，叶用的蔬菜并不少，但非要浑然天成的鲜艳颜色，就只有苋菜才有。你用红苋菜煮过粥么？一锅清水白米皆被它染成桃红色，脂粉气得十分理所当然，吃着却十分清爽。有的食谱里似乎用它为饭团、汤圆染色，都好看，就连搭配用的蒜瓣，碾碎了，扔进汤里去，也像是《红楼梦》里淘制胭脂膏子，谁的碎玉手串不小心掉进去了——同样是玲珑好看的。

但也不是所有苋菜都这样红香软玉。苋菜学名 Amaranthus tricolor，tricolor 即有"三色，多色"之意。古人也有"六苋"之说，将名字带"苋"的菜分为白苋、赤苋、紫苋、五色苋、人苋、马齿苋六种，前四种皆以颜色区分，可见其斑斓。通体碧绿的应就是"白苋"，茎干和靠近叶脉处深红为"赤苋"，目前市面上最多见。紫苋则茎叶俱鲜红深浓。至于五色苋，倒不很清楚是哪一个——李时珍说"今稀有"，到现代，这个名字也被改作他用，更说不清谁是谁了。

六月苋

太阳花有两种。

叶子细长的叫大花马齿苋，

一名松叶牡丹，

叶子像马齿苋的是阔叶马齿苋，

也叫马齿牡丹。

都是夏天最常见的小花。

人苋和马齿苋都属混淆视听，不在苋科苋属之内，因此也不能算是货真价实的苋菜。一般认为前者是今天说的铁苋，属大戟科；后者嘛，其实说是多肉比较靠谱……马齿苋的茎干与叶片均呈肉质，形象上与苋菜大不相同。会有这个名字，据说是"叶比并如马齿，而性滑利似苋"。它不挑地方，荒野或街角俱可随意生长，上市时间也与苋菜仿佛，赶在初夏的六七月。这可爱野菜的滋味你尝过吗？下锅后软滑细腻，确有接近苋菜的口感，但味道却呈现一种微妙清淡的酸。我觉得拿它凉拌、下粥，很是解暑；据说也有晒干与肉类红烧，或搅碎了和面做点心，都是寻常野菜吃法，不足为奇。

顺便一提，马齿苋家族中另有一样与夏日记忆紧密关联的植物：太阳花。小，浑圆，五瓣，色彩与苋菜的叶子一样艳丽而繁多，花瓣在毒日头下却闪烁出丝绸一样的光泽质地。如果是不负责任的懒园丁，一定会在夏季花坛里种上它们——鲜艳、好活，人家越酷热，它倒越精神。至于味道，我没有尝过，看那肉嘟嘟的枝叶，想来应与马齿苋所差不远。

扯远了。古人对植物的印象往往直观，所见所尝，即为所得，这些不相干的植物会被以"苋"之名捆绑到一起，相似的季节性与口感是两个最重要的原因。我记得在有的方言里，苋菜叫"米苋"，或叫"蕛菜"，听来都是腻腻嗒嗒的，果然就像煮熟的苋菜叶一样绵软细密。所以这菜还是趁嫩时吃最好，下锅前也定要反复捶打搓揉，使其疏松，烧起来才更方便美味。我有一位朋友，家中留得三分地，母亲年年种苋菜，于是每年都听她开玩笑地抱怨："我们家的苋菜，才长了两三片叶子，才这么点高呢！我妈就要全部揪下来做菜了。"算不算是种菜人才有权利享受的一种奢侈？

苋菜梗变老后，粗硬多渣，不是什么好味道，但这不代表它不是好食材。《本草图经》就写过一句，（苋菜）"根茎亦可糟藏，食之甚美，味辛。"听闻浙江一带长久地把霉苋菜梗当做独特的风味小吃，且味道十分私人化，家家户户，做出来都有点不一样。纵不直接吃，也可作为制作臭豆腐的原料。很难想象异味扑鼻的臭豆腐，竟和这一盘清香软糯、胭脂妩媚的炖苋菜有如此渊源。"苋"这个字，看来还真是不容小觑呢。

马齿苋
凉拌或煮、熟都可以，
柔软的枝叶酸之味。

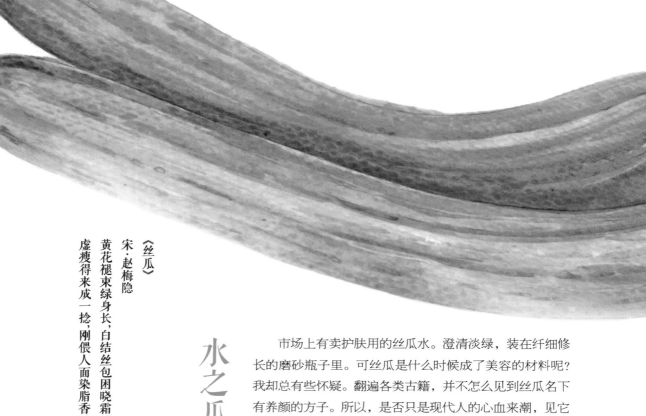

《丝瓜》
宋·赵梅隐
黄花褪束绿身长，白结丝包困晓霜。
虚瘦得来成一捻，刚偎人面染脂香。

水之瓜

市场上有卖护肤用的丝瓜水。澄清淡绿，装在纤细修长的磨砂瓶子里。可丝瓜是什么时候成了美容的材料呢？我却总有些怀疑。翻遍各类古籍，并不怎么见到丝瓜名下有养颜的方子。所以，是否只是现代人的心血来潮，见它身量纤纤、细皮嫩肉，很有小家碧玉之感，故借用了一把心理暗示？至于说什么是《红楼梦》里来的方子、古典美女都在用，那可能是附会上去的。

倒也不是一厢情愿。夏季上市的瓜果里，水分充足者不胜枚举，却只有丝瓜可响当当被称为"水瓜"。抹在脸上有无效果且不管，吃到嘴里，却是一点不辜负这名字：削皮，下锅，加点水煮一煮，很快变得如丝般温软顺滑。我因此不喜欢拿它搭配荤菜，觉得会破坏那小清新的氛围。还是毛豆最好，一粒粒鲜绿，圆鼓鼓，与丝瓜如胶似漆地缠绵着，盛夏的气温会因为它们而骤降几度。

但丝瓜的名字并不是因为这嫩滑如丝的口感。护肤品

的开发商们如果知道，估计会有点失望。据李时珍说，"此瓜老则筋丝罗织，故有丝罗之名。"老去的丝瓜已彻底断绝了与水的联系。这有时也叫我想起贾宝玉的话：本来水一样清俊美好的女儿家，被时光打磨了，沾上汉子习气，怎就变得可恶了呢？

丝瓜也还好。虽然枯槁了，仍是可亲可爱的，并没有可恶的成分在里面。你见过老去的丝瓜吗？硕大鼓胀有如棒槌，只一细微脉络连于藤条上，风一来，它们便颤颤巍巍。但不用担心会砸下来，但凡接触过就会知道，那轻盈的质感直如白日飞升，肉体凡胎都蜕去了一般。剥了老熟硬脆的外壳，把里面黑色的籽粒抖干净，剩下的丝瓜络疏密有致，便是上好的宝贝了——浸入水中，顿时变得温柔和顺，洗碗、刷锅、擦背，甚至做鞋垫都再合适不过。古人因此重视它，甚至得了"洗罗锅瓜"的别名。我后来还见过欧洲的设计师，用丝瓜络做各种家居小物——灯罩、花瓶、杯子、桌屉、屏风……不但实用，且颇有自然雅趣。可谓是物尽其用，匠心独运。

很老很老的丝瓜
没有了水份，
只剩下网状的维管束，
就成了丝瓜络~

初生的丝瓜花，还有丝瓜藤蔓尖尖的那一点嫩茎叶，也都可食。菜市里有人卖丝瓜花，顶一个初具雏形的小小丝瓜——果实就这样被扼杀在摇篮里了。但味道是真的好，并没有长成之后那一股气味，反而清冽之外有种爽脆。丝瓜尖呢，有点像豌豆苗，也好。拿来下海鲜面条，煮熟之后清香四溢。但一定要掐最水嫩的，不然老枝枯涩坚硬，根本咬不动。另外，听说日本和中国台湾以丝瓜为背运和无用的象征，却不知是为什么？看它既好吃又好用，对于美人容颜还有所裨益，讨来一个这样的名声，有点奇怪啊。

《本草纲目》
明·李时珍
蕹菜，蕹与雍同。
此菜惟以雍成，故谓之蕹。
干柔如蔓，中空。
叶似菠薐及蓥头，开白花，堪茹。

蕹菜

蕹菜不算是一种为人熟知的植物。至少在我经过的各处，并不是。现在非常努力地回想，好像在很多年前，外公外婆嘴里有过这样来历不明的称呼——"翁菜"。但事到如今，好像身边已经没人会这么叫了。见它枝条柔嫩中空，大大不同于寻常菜蔬，众人遂赋予它更通俗易懂的名字：空心菜。

空心菜的味道和名字一样，没什么咀嚼回味的必要，只是寡淡。连带吃它的那些时光，好像都变得乏味且无关紧要。譬如早晨起来，下着泡饭或白粥吃一碟豆豉炒空心菜梗；晚上回来，就着暑意吃一道清炒空心菜叶——谈不上多好，也谈不上不好，只能说"一般"。且是略微带着点消极的"一般"，我实在想不到除了清炒之外它还有什么做法——若要改换，也不过是配料的区别：可以是蒜蓉、腐乳、青椒，也可以是虾酱、海鲜、肉末，取决于做菜人的心情，或手头宽裕程度，非常随意。但无论拍档如何改换，端上桌来的空心菜始终轻描淡写，做不出什么叫人惊喜或得意的质感。

也有偏门一点的做法。如将之腌渍，或剁碎制作面点。但空心菜生性恬淡至此，同样的做法与其他蔬菜来比，也不太看得出来有任何胜算。

"平淡"或许成为空心菜一身上下的写照。整个夏天过去，很难找出比它更价廉、皮实，乃至泛滥的蔬菜。你避不开，却也很难主动想起它来。老农们担子上撂得高高，都是被细细洗净、捋顺了码在一起的它们，但凡有人相询，便毫不心疼地掐断三两枝，以证明质地何等水嫩。我因此总觉得空心菜之于夏，即如白菜之于冬：同样的随处可见，稀松平常，以致在这个季节里浸淫久了，看着都会渐渐有点抵触感。但它们的味道又如此清淡、简洁、宠辱不惊，虽不见得有人嗜

空心菜的花
（与牵牛花很像）

之如命，但实在想不到可以买什么菜的时候，往往会随手称上一把，以填补餐桌上的一隅空白。

像归像。若论菜中地位，空心菜和白菜还是有点差距。平易近人如斯，空心菜却并没有得到过白菜那样广泛的好口碑。从晋朝的《南方草木状》到清朝的《植物名实图考》，前后一千多年里，关于它的记录寥寥，与之有关的野史传说、诗词曲赋，都少得可怜。相比之下，且不说比它时代长远的葱、韭、芹，便是番茄、土豆这样姗姗来迟的后辈，都已在饮食文化中打下了一席江山。只有空心菜还是一如既往的籍籍无名，无人问津，无人在意。丢到菜谱里，任谁都不太容易想起它来。

要说空心菜真正的本领，恐怕不在文人和食客们关注的地方。如《群芳谱》评价它为"南方之奇蔬"，原因即来自罕见的栽培过程——"南人编苇为筏，作小孔，浮水上，种子于水中。长成茎叶皆出苇孔中，随水上下。"以浮舟种菜，果然奇妙有趣！但农民们这么做当然不是为了好玩：华南地区多水泽，长年高温高湿，大多数蔬菜都容易腐烂生病。惟有空心菜表现得很合拍。不仅生长健康，且还利用水域面积推而广之，有这样一位"奇才"在，再怎样简陋的人家，也不愁三餐里没有绿叶担当。

可惜的是空心菜不耐低温，故此大展奇才的机会只能发生在南方。真正领略到好处的庶民们本就缺乏发言权，何况在这样天高路远之地，更加不会被北地的政治文化中心所注意。偶尔有被贬职而深入腹地的"倒霉鬼"——比如苏轼——关注的亦只有色香味俱全的热带水果，如空心菜这般毫无个性，实在不足为外人道。它于是仍然淡淡的，偶尔冒出一点清热解毒的传言，也终究成了传言——是了，清热解毒的东西那么多，又有谁一定非要记挂它不可呢？

时代改换几遭。再看起来，惊艳一时的南方鲜果们已司空见惯，反倒是浮沉于水流之上的空心菜，那随波逐流却又不失其根的场景，成为寻常里的难得一见。以空心菜清淡到极致的个性，这一场翻身仗，不打也罢。

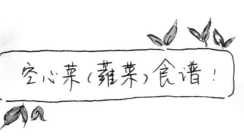

空心菜（蕹菜）食谱！

（如果很嫩
就不用分开了）

在我们家，空心菜一般是要分开炒的～

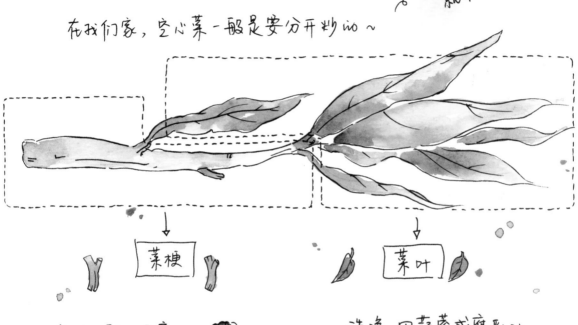

菜梗

菜叶

摘成细段，拍扁。
用豆豉或虾酱炒.

洗净，用蒜蓉或腐乳汁
清炒。

清脆爽口～

鲜嫩多汁～

111

小暑

苦瓜生凉
西瓜解渴
井水沉瓜果
天气炎热
三候鹰如鸷
二候蟋蟀居壁
初候温风至

112

小暑,六月节。《说文》曰:暑,热也。

就热之中分为大小,月初为小,月中为大,今则热气犹小也。

○ 小暑六月节

元·元稹

倏忽温风至,因循小暑来。竹喧先觉雨,山暗已闻雷。
户牖深青霭,阶庭长绿苔。鹰鹯新习学,蟋蟀莫相催。

有些水果的季节感很淡薄，如苹果、香蕉、梨。有些却不。你一吃它，背后的光影记忆会呼啦啦跟上，瞬间来一场声色并茂的场景还原。如樱桃、枇杷是娇憨初夏，菱角是清秋，荸荠（马蹄）是隆冬。至于盛夏，别的都可以没有，一定不能缺席的，是西瓜。

这说来也奇。西瓜早已作周年量贩式生产，餐厅或 KTV 的果盘里一年四季都有它。但我私下咨询友人无数，大家提到夏日风味，约定俗成想起的第一个仍是西瓜。

起初我怀疑这与西瓜的气味有关。它的香气叫人想起雨后草地，天地都是清澈可爱的，夏日最理想状态当如是。但转念一想，却也不对，同类的各种香瓜、甜瓜、哈密瓜，气味均与之类似，却并不如西瓜这样有口皆碑。可见香气是必要条件，但不是全部。以我私心揣测，另一个重要原因应来自它价廉物美的形象：好吃，常见，水分充足，适合解暑。从文人贵族到贩夫走卒，大家对它都很偏爱。雅俗共赏这个境界，不是谁都能达到的。

西瓜当然是来自西域的瓜。它的原产地最有可能是非洲，而后经由丝路传入新疆，抵达中原的时间应是在唐朝之后。这历史并不算太长，但受欢迎的程度却极高，以我保守估计，你若把写冬瓜、南瓜、黄瓜、丝瓜……这几种瓜的诗加在一起，总数怕也未必比西瓜要多。如果再对主题稍作计较——只能是描述"某某瓜"本身，不得有任何跑题行为——那基本上没有悬念，西瓜一定是大获全胜的。

但那些诗也不需要看很多。因为翻来覆去都是同一个写法：穷奢极欲的用词，飘飘欲仙的文风，通篇赞扬的不是红香绿玉之美貌，就是冰雪甘甜之口感。给一首明朝翟佑的《红瓤瓜》为例："采得青门绿玉房，巧将猩血沁中央，结成啼日三危露，泻出流霞九酝浆。"好了，剩下的百分之九十，从文天祥到纪晓岚，基本都是这个调调。翟佑这一首，已算是做了点实际贡献的，西瓜雅号"青门绿玉房"，遂由他而来。

青门绿玉房

《食西瓜》
元·方夔

缕缕花衫唾碧玉，痕痕丹血掏肤红。
香浮笑语牙生水，凉入衣襟骨有风。

吃西瓜也早早成就一门艺术。抱着一瓣西瓜啃得满面汁水淋漓，那是庶民阶层的做法，贵人们肯定不允如此难看的吃相发生在自己身上。我不记得是在哪里看到过宫廷里对西瓜的处理方法，御厨们会将瓜的两头削去，从中挖出整个瓜瓤，切成小片，奉以银叉，供公子佳人们享用（从各色宫斗戏的演绎来看，我这一番记忆貌似是合理的）。此外又有以西瓜为果雕，如花朵飞凤，最初也是仅供御用。和许多装饰艺术一样，果雕兴起于宋，后来逐渐推而广之，才成为一项民间工艺。吃已经不重要，更像是讨个彩头。

江浙一带又有西瓜灯。将瓜瓤掏空，瓜皮上雕刻各种花鸟人物图案，夜间加一支蜡烛在里面，即成一盏别致明灯。这我并没有见过，但吃一个瓜，竟玩出这么多花样来，在中国古代也是只有西瓜才有机会担此殊荣了。

可还是喜欢没那么多花样的西瓜啊！它应当来自路边任何一个平淡无奇的卖瓜人，趿着拖鞋，戴着草帽，肩上搭一条毛巾，小板凳一坐——甚至连小板凳都不用，直接席地而坐，一地又大又结实的瓜便任凭路人甲乙丙随便挑去。但凡谁挑好了，就搬来用清水擦擦，掏出一把锃亮的刀来，刀尖对准了，"咔"地切下去。于是势如破竹，顷刻间原形毕露，鲜红，水灵，大刀阔斧，玉山倾倒再难扶。那样一种充满爆发力和原始生命力的美感，才是西瓜该有的，才是夏天该有的。回头想想，盛夏光年一如少年飞速成长的青涩，怨不得十冬腊月的西瓜叫人乏味，想来缺的并不是甜，而是情怀——背后这一份有关骄阳、蝉鸣和赤足奔跑的快感，复制粘贴不来。换到无论怎样养尊处优的环境里，一样无可替代。

黄色的西瓜现在也很常见啦，含糖量也很高。

　　西瓜品种越来越多。无籽的、迷你的、方形的、黄瓤白瓤的，叫人感慨农业科技的进步之快。吃法也日益增多，西瓜球、西瓜捞、西瓜蛋糕，古今中外结合，总有层出不穷的创意。多的我不懂，只提供一个巧方：西瓜皮也可以吃。刨去外面翠衣，里面红瓤，细细切成薄片，洒一些细盐腌之。将沁出的汁水挤掉，剩下瓜皮无论清炒、凉拌、煮汤，味道皆清美。祖辈们有更复杂的做法，是将之暴晒晾干，拌上各色香料，腌渍为酱菜，四季皆可用，细细咀嚼也有西瓜的清香味道。有这样的知识在先，每每看到被丢弃的瓜皮，一团意兴阑珊，已生出腐败气味，苍蝇围绕，慈悲心又被触犯，觉得可惜起来。还有多少未物尽其用的地方呢？我不知道，植物学家可能也不一定知道。只有西瓜自己知道。

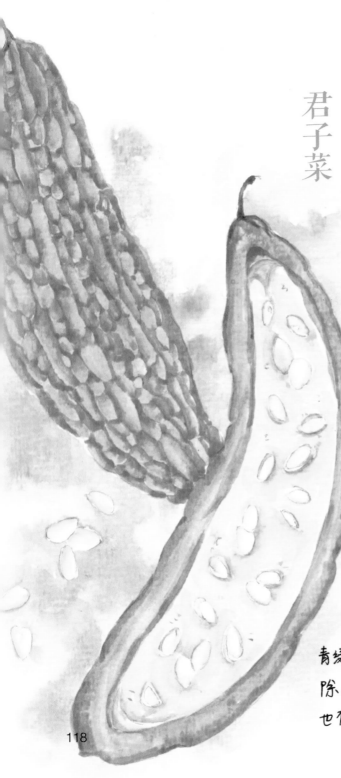

君子菜

花中有君子，树中有君子，菜里也有，说来有趣——种你，就是为了饱腹而已，谈何君子？但听前辈们的解释，却也很有道理：苦瓜，生来是苦的，甚至苦到叫人皱眉而不肯吃下去，但与别的菜一起炒，无论来者是谁，却也从不将自己的苦味沾染分毫。丁是丁，卯是卯，洁身自好，泾渭分明。这样说来，的确很够君子的味道——也许是因为这年头信息太发达，太容易碰到一点事情就大呼小叫，忙不迭散播负面情绪的人。相比那一套，苦瓜于我，有种很难得的别样好感。

也许是我生来比较另类。在小孩子还普遍抗拒苦味的年纪，吃苦瓜已叫我欢喜。切成片，与碎咸菜一起炒，淋以酱油，洒一点糖。苦味虽还在，但我觉得鲜美清爽。配着这道菜就可以吃一整碗白饭。虽然后来也听说更多烹饪苦瓜的途径，如浇蜂蜜、炒鸡蛋，绿莹莹的样子似更为清秀可爱，但我私心里偏爱的仍是酱油咸菜的版本：像是一个人，满腹苦水、隐忍自持，你给他安排了热烈熙攘的环境，浸润久了，那一身苦楚

青绿色的苦瓜最为常见，
除此之外，
也有白色或绿白相间的。

118

终也慢慢亲切柔和起来。据说减肥的一大妙方就是生吃苦瓜——对于意志薄弱，或养尊处优的人，这会不会也是一项很艰巨的挑战呢？

怪不得要说"吃得苦中苦，方为人上人"。但也还有一个成语叫"苦尽甘来"：若真耐得住性子细细咀嚼，会发现苦瓜是有回甘的。一层层的清苦之下，仿佛意犹未尽一般，细微地点缀一点甘味在舌尖上。仍像是一个君子，因为叫你吃了苦，他反而不好意思，遂留下这丝丝抱歉的甜意。

中医里总认为苦的东西都性凉，苦瓜于是又有一名字叫凉瓜。夏天每人头上都顶一把火，吃点苦瓜或许会舒服一些。你可见过苦瓜老了以后的样子？那可很不凉快：瓜肉变得金黄，从下面裂开，趾高气扬地卷曲外翻，露出里面已变得鲜红欲滴的瓜子。南方的同学或许吃过类似的东西——也许叫赖葡萄，也许叫锦荔枝，也许叫金铃子——实则是苦瓜的一个变种。然而金铃子的体形更为短小丰满，瓜子却更大，鲜红的肉质种皮也更为鲜甜。故一般子实成熟之后作为水果食用，瓜肉反倒弃之不取了。日光好的时候，捡一颗金铃子对着光看，里面透出一股红彤彤的色泽，衬着金色皮囊，很是晶莹可爱，也是可以把玩很久的。

听闻两广一带有"凉瓜宴"，席上诸般菜肴，皆以苦瓜制得。清炒杂烩，凉拌腌渍，给足这位君子大展神通的空间。要去它的苦味倒也容易：过沸水汆烫，或以盐腌渍片刻，沁出的汁水倒掉。切开瓜瓢，内层白膜也很苦，介意的话亦可撕去。不过无论哪种方法，必然都会丢失苦瓜的特色，谁叫人家生来就是一肚子苦水呢！且话说回来，冬天不冷，夏天不热，甜瓜不甜，苦瓜不苦，在我看来都甚无趣。倘若有朝一日苦瓜都变得香甜起来，反而会觉得是很煞风景的事情吧。

《减字木兰花·锦荔枝》
清·叶申芗

黄葼翠叶，篱畔风来香引蝶，
结实离离，小字新偷锦荔枝。

但求形肖，未必当他妃子笑。
藤蔓瓜瓢，岂是闽南十八娘。

119

大暑

初候腐草为萤
二候土润溽暑
三候大雨实行
夏意将逝
秋实将熟
豆花雨过
木莲凝冻
冬瓜泛白如霜

120

大暑，六月中。解见小暑。

○ 大暑
宋·曾几

赤日几时过，清风无处寻。经书聊枕籍，瓜李漫浮沉。
兰若静复静，茅茨深又深。炎蒸乃如许，那更惜分阴。

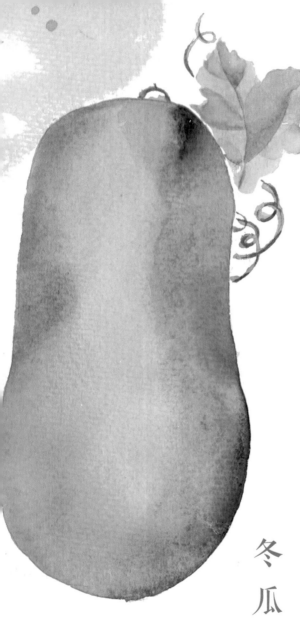

冬瓜

我不记得是什么时候听过这样一个说法了：从前夏天炎热，小孩儿纳凉的最佳方法之一，即是抱一个完整的的大冬瓜。我自己虽然没有试过，但一直非常向往……你想呀，冬瓜那样硕大、结实、清凉、光溜溜，天下这么多瓜果蔬菜里，有谁比它更适合抱在怀中纳凉？何况"冬瓜"这名字，在头顶流油，浑身冒汗的三伏天里，念在嘴里已叫人有几分舒爽凉意了。

然而明明是夏天成熟，冬瓜却为什么要叫冬瓜？这问题让幼年的我困惑，及至读到《本草纲目》，李时珍十分肯定地说它"经霜后，皮上白如粉涂，其子亦白，故名白冬瓜，而子云白瓜子"，这才明白个中缘由。此外还有一个参考版本，说是因为冬日播种，结瓜肥好，也未尝不是名字的由来。

然而这些都不太重要了。对于大多数逛菜市场的人而言，冬瓜无疑是以自身滋味而站稳脚跟的：洁白似凝脂，清凉似净水，敦厚似磐石，甘淡更叫人想起清清冷冷的霜雪。一刀切下，带回家里，煮一锅含着淡淡青绿的晶莹的汤……有了这样可靠的食用资源，叫什么名字，均已无碍于大众对它的好印象。我因此有时候觉得冬瓜身上有股禅意：看起来戒备森严，心里却是丰满而澄明的。且看它毫无顾忌，袒露着自己的雪白肌理，便想到那些大隐于市、六根清净的高士，或许就该是这样的吧。

还真不可小看了这位"隐士"。它也并非只是一味素淡，若要热热地红烧起来，或几番周折，做成蜜饯，它也都很乐意的。冬瓜糖也是个奇物：新鲜的冬瓜肉经过石灰水的浸泡搓洗（你没看错，就是石灰水，其中所含的钙离子正是将瓜肉硬化的功臣），又被浓厚白糖层层包裹浸渍。非但没有涣散熟软，反有了久经风霜的柔韧劲儿。我知道许多人会嫌它甜腻，但一定也有很多人的童年，看到它即觉得欢喜——敷满糖霜的莹白，一枚枚含在口中只觉甘甜清凉，连那香气也是温和清淡的。比起五光十色的时尚糖果，倒更像是"甜美"另一种返璞归真的表达方式。

　　冬瓜另有几样妙处：如瓜瓤柔软清洁如絮，据说可用于洗涤衣物——也是我一直想试试的。此外，耐久力亦远非寻常瓜果可比，若是一个完整的冬瓜不切开，据说可储存半年以上而不腐坏。已经开膛剖肚了的，自然另当别论，别说半年，夏季高温之下，只是半日，表面便渐渐生出一层黏腻浑浊的"痰"来。最是可厌。想必是它心思太过纯实洞明，并不适合在这尘世污浊中浸染受苦。还是在此之前，尽快吃掉的好。

《咏冬瓜》
宋·郑清之
剪剪黄花秋复春，霜皮露叶护长身。
生来笼统君莫笑，腹内能容数百人。

冬瓜糖

冬瓜籽
（白瓜子）

123

木莲豆腐

木莲豆腐和莲没有关系，和豆腐也没有关系。但既有了这么个名字，听上去难免叫人浮想联翩：坚韧如木，清雅如莲，柔嫩如豆腐。对于本尊来说，这是很贴切的。若说本名"薜荔"，似乎就生涩许多。一如屈原写在《九歌》里的句子，"若有人兮山之阿，被薜荔兮带女萝"——仍是清美悦耳的，但念在嘴里，就不那么通俗易懂了。

大概是出于这方面的考虑，薜荔的几个别名都很通俗：木莲、木馒头、鬼馒头、凉粉果。它的果实状如馒头，又似倒垂的莲蓬，于荒郊野外成群结队挂着，确实很像为山鬼准备的食物。山鬼也并不是普通的鬼呀！它们美丽、窈窕、飘逸、多愁善感，不仅与人无害，反而一身天地灵气，因此带着薜荔也不俗起来。自屈子之后，又有薛宝钗的蘅芜苑，鲁迅的百草园，凡清冷幽僻、别有洞天之所，常能见到薜荔的身影。但有时这也显得阴森森：且见它细小敏锐的不定根攀缘挺进，迅速覆盖一切人迹罕至处，苍翠的小叶子簇拥成深不见底的浓荫。那底下还藏着什么呢？叫人猜不透。然而我宁愿相信是可爱的——如柳宗元那一句"惊风乱飐芙蓉水，密雨斜侵薜荔墙"，风雨交加，草木以静默青翠相迎。多么好。

难以捉摸的鬼灵们会来享用薜荔果吗？很难说。可以肯定的是人类一直青睐它的味道。只是做起来烦神：首先一步是得学会挑果子。薜荔有雌雄之分，雌果近球形，雄果近梨形，只有雌果才好用来做木莲豆腐。撕开果实，得到里面一粒粒密集的籽，裹以洁净纱布，浸入冷水反复揉搓。渐渐就有透明的胶质渗出来，攒满一盆，即算是取得了它的精华部分。然后过滤，加入少许关键的凝固剂——可以是食用的石膏（即点豆腐的那玩意），亦可以是本身

《植物名实图考》
清·吴其濬

木莲即薜荔，自江而南，皆曰木馒头。俗以其实中子浸汁为凉粉，以解暑。

具备黏稠固化作用的老藕粉，甚至一点点含钙质的牙膏——搅匀了，静置，它便自行蜕变为清香温柔的木莲豆腐。接下来，你可以冰镇，可以浇上蜂蜜或糖浆，可以采了茉莉花，或剪碎了薄荷叶子洒进去……一切都是适用的。且它本身长得也好看：滑溜溜，清亮亮，如软化的冰块，或凝固的水滴。光这么看着，仿佛已足够叫人忘却暑气，畅快欢喜起来。

　　晒干的薜荔籽在有的市场或药店可以买到。据说可保存十年之久。但它倒也不是消夏的唯一选择：与之类似者如茄科的假酸浆，西南一带以之制作"冰粉"。或闽南的石花冻、寒天冻，据说都是来自红藻类的提取物。或唇形科的凉粉草，粤语地区所谓的"仙草"，说的即是它。将植株晒干，煎汁，与米浆混合，所得同样清凉滑嫩，但颜色浓黑，味道也与木莲豆腐有细微区别：凉粉草属唇形科，类似薄荷、鼠尾草、迷迭香一类，更有股通透沁人的气味；薜荔则属桑科，更接近桑葚与无花果的缠绵柔和。不仔细分辨，也许并不能感受到。但那又有什么关系？反正都是清凉味，你都会喜欢的。

雌果
比较圆润，有更丰富的粘液。
（一般用它来做木莲豆腐）

薜荔的果实分为雄果和雌果，
因为是雌雄异株植物。

另，台湾地区卖一种叫"爱玉"的东西，也与木莲豆腐类似。我起先好奇，后来查过资料，那好奇也就没有了——爱玉子即为薜荔的一个变种，说穿了是一个东西。爱玉这名字也好听……据说最初是因为它凝结的样子，如水面覆玉。但我觉得它像台湾家庭剧里的长女，性情温吞，一脸秀气。

盛夏正是最需要薜荔的时候。一则它果实成熟，二则头顶烈日当空，看着它那仿佛自有深意的绿色层层叠加，心里多少有些凉快下来。从前的时光漫长。从前的夏天有暑假，也有大叔大伯推一辆小车，两只大桶，于阴凉的薜荔墙根下叫卖，白色是木莲豆腐，黑色是烧仙草。也许为了对仗，他们放弃"木莲""仙草"这样秀气的称呼，只在随车的纸牌上写着大大的"白凉粉""黑凉粉"。顶着毒日头去买两杯回来，就着风扇与闲书，交替着吃，就觉得很好。墙上的薜荔仍一年年地长着，树荫下卖黑白凉粉的人声却渐渐流失了。奶茶店里的它们太精致，反而叫人徒然升起一股距离感。"所以要去哪里采点果实，或是买一袋子薜荔籽和凉粉草回来呢？"——偶尔也会这样想着。不知不觉，又一个夏天要过去了。

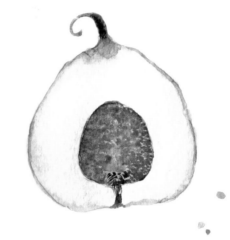

雄果（瘿花果）
果实多呈上小下大的梨形，
内部分为雄花和暗红色的瘿花。
是不是和无花果有点像？^^
因为它们是亲戚～
（桑科榕属）

制作 清凉 的 "木莲豆腐" ~

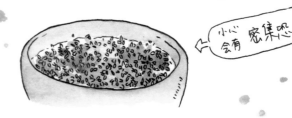

小心 会有 密集恐

1. 切开 新鲜 的 薜荔果实，掏出 里面 的 子。
   有 的 地方 夏天 也 能 买 到 薜荔子，
   可以 直接 使用 ~

2. 掏出 的 子 浸 在 凉开水 中，
   静置 1 小时 左右。（如果 很 新鲜 可以 缩短 时间）

挤 挤

3. 取 干净 的 纱布 把 薜荔子 装 入，
   在 清水 中 用力 揉搓 挤捏。

这时 会 得 到 一大盆 黏糊 的 液体，
就是 木莲豆腐 的 "原液" 了。

4. 揉搓 至 胶质 完全 渗出，子实们
   变得 干涩。

（已累趴 的 薜荔子，可能 还有 你 的 手）

5. 将所得的"原液"过滤，
去除杂质。
（如果没什么杂质这一步也可省略）

7. 放入冰箱静置，过一段时间液体会自行凝固。
用小刀割成块，浇上薄荷水、糖浆之类，
就可以吃了！

6. 重要的步骤来了！在过滤液中加
凝固剂～（方言里叫它"水滴拉"）
一般可用做凝固剂的包括：

食钙的矸　　老藕粉　　食用石灰粉

点点就可以，一边倒入一边缓缓搅拌均匀。

Tips:
① 加水的比例非常重要！
多了会难以凝结，
少了又变得很硬涩。

但很难描述要加多少……
建议先少量，后稍微补充。

② 据说井水最好，可泉水不行。

③ 喜甜的话可以在加凝固剂之
前加一些糖。

④ 搅拌时最好朝同一个方向～

129

立秋

八月八日或九日

初候凉风至
二候白露降
三候寒蝉鸣

风中凉意渐起
更值秋收
采莲子
掘莲藕
蒸茄脯为食

立秋，七月节。　立字解见春。秋，揫也，物于此而揫敛也。

○立秋

宋·刘翰

乳鸦啼散玉屏空，一枕新凉一扇风。
睡起秋色无觅处，满阶梧桐月明中。

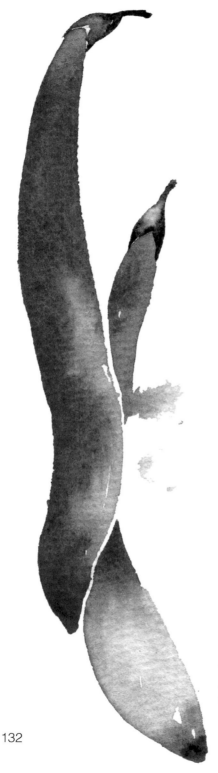

长茄子
细é嫩ê的，
皮也比较薄.

落苏节

　　"落苏"这两个字看上去既新奇又别致不是？可真身却是很接地气的：茄子。所以"落苏节"就是茄子过节，据说是在农历七月三十。我自己未参加过这种节日，但在与之时间相近的立秋，许多地方仍保留着蒸茄脯的习俗。过了秋天，茄子即开始变老，皮肉粗糙，戒备森严，这也差不多是它最后的赏味期限了。

　　吴语里将茄子呼为"落苏"。这一点在各类古籍中都提到过，但来源都略有不同。一说是蒸熟后的茄子绵软如酥酪；一说是从前吴国王子有类似名讳，进而演绎出更多民间故事……但也许是现今吴语呈退化状态？又或者是为了照顾外地人方便理解？总之我在上海买菜那么久，却未曾听见大家这样喊过。唐诗宋词，至穿插着金陵方言的《红楼梦》，也都光明正大说：茄子，茄子，茄子。所以"落苏"二字究竟流通于何处，我却并不十分确定。

　　我只记得"茄鲞"。沾一回穷亲戚刘姥姥的光，相信很多人都通过这道菜刷新了对贵族阶层的认

识。先鸡油炸，再鸡汤煨，再香油拌，茄子虽还是茄子，却又"吃不出正经茄子味"，有如庶民经过精心调教后脱胎换骨，也难怪贾府的人要拿它来和"平民代表"炫富。身为后者的刘姥姥也确实震惊了："别哄我了，茄子跑出这个味儿来了？我们也不用种粮食，只种茄子了。"

——这就是最平实的语言艺术。何其大白话，却叫我们摸着书页也忍不住咂嘴，想试试这到底是个什么滋味。然而后来有人效法了个中步骤，正儿八经做来吃，却说味道并不怎么样。是因为期望值太高的缘故么？不知道。又或者这《红楼梦》中的菜谱和药谱一般，意象总大于现实意义，为着风雅是很好，真要按图索骥，却未必是合适的？

但茄子是真的很适合被调教呀。柔软、清淡、耐久、细密，充分吸收了旁的酱汁滋味，好像张爱玲说的碰上了胭脂水粉的丝绵，欢天喜地，洇得一塌糊涂。对，应该挑选那些最娇柔嫩紫的长茄，以它们做成的蒸茄子真是立秋时的标志性菜品：根本不用削皮，直接切成长条，盐水过一下，蒸熟之后仍保持着表皮鲜美的紫，瓤中柔和的青白。油盐酱汁加剁碎的葱花，猝然洒上去，每一口都新鲜而接地气。和着背后被秋风凉意一点点裹走的蝉鸣，以及明亮却不再毒辣的阳光……都是属于这个季节的，最淳朴自然的味道。

北方常见的圆茄子
看起来确实像个大光头~

　　然而这种做法似乎还是在南方较为多见，到北方，茄子会变成另外一个模样。由于原产南亚地区，性喜暖热，能在北地扎根的茄子们会被视为真正的勇者：皮越来越厚，肉越来越硬，只有这样才经得起寒流的一次次考究。茄子因此发展出更为壮硕的品种，口感之敦厚，自然也不可同日而语——如北方的地三鲜、炸茄盒，都是大刀阔斧，且下锅之前，一般都要将皮削去，弃之不用。

　　在南方可不能这么玩。这里的茄子本就细皮嫩肉，一副伶仃模样，把皮削掉，肉也不剩什么了。

　　我一向在南方长大，小时候并没有见过圆形的茄子。书中读到英文称之为 Eggplant，更是不明白为什么。及至后来北上，终于见到圆头圆脑，饱满锃亮的圆茄，方才恍然大悟。据说十八世纪茄子刚刚传入欧洲时，即是以小只、圆形、黄白色外皮者最为流行，与鹅蛋之类放在一起，几可乱真。这一名字遂由此叫开。西方人吃茄子也有趣：以他们的习惯，能生吃的蔬菜都绝不烹煮，故最早拿到茄子，是直接生啃的……然而能跋山涉水到他们地盘上的茄子，肉质已非常粗硬，这么个吃法想必不会有什么好味道；于是生啃很快改为熟食，但因为还是怕"硬"，所以烹煮之前有诸多步骤：削皮、盐渍、水洗、挤干，都是为了软化茄子的口感。当然，现阶段茄子品种已非常多，某些时候也可删繁就简——如我们的细长条紫茄子，他们即称为 Chinese Eggplant 或 Japanese Eggplant，效法中国人，与豆角土豆同炒，也不是不可以。至于主流做法，则一贯非常西化，如煮熟后浇上奶酪或番茄汁，或与肉类一起做 BBQ；出现在欧美任何一张餐桌上，都非常合理。

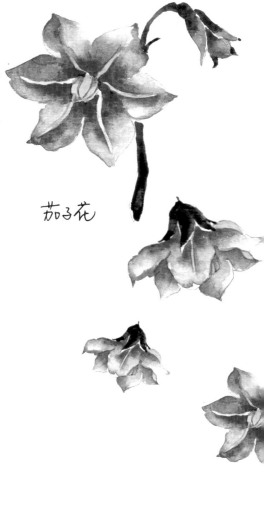

茄子花

然而这样的做法国人并不太熟悉。茄子在中餐里的做法已足够丰富，且太过本土，故那些标榜异域风情的餐厅多半看不上它。殊不知人家其实很是神通广大，无论在哪个菜系里，都能发展出一点举足轻重的地位：在东南亚，辅以各色香料，小火慢炖；在日本，可以做天妇罗；在希腊以及一些地中海地区，则用来与洋葱、碎羊肉一起做成类似派的东西，他们叫 Moussaka……说到这里，忽然觉得"茄鲞"好像也没有那么高大上。只是我们管窥蠡测，知道得太少，有点像认识了很久的人，因为太熟悉，反而变得随便起来。

对了，清朝有人为茄子写诗，里面还提到过茄子另一个名字"紫膨哼"。这也一定说的是圆茄。别问我要证据，纯粹是基于直觉的判断——圆鼓鼓的外形，好像生气的样子：嘭！哼！——这也是很有意思的。

莲心与藕丝

《红楼梦》里那些唱戏的男孩子或女孩子，名字都以"官"称呼。有个藕官，又有个䓂官，两人虽都是女子，却因为长久在戏台上扮作一对，渐渐在生活中也互相爱慕起来。䓂官早逝，书中关于她只是寥寥几段话，以至于不同的版本里常常写错她的名字，"䓂官"会变成"药官"。"䓂"是从前古人对莲子的称谓，小姑娘的名字应是以此为正解———一个是莲子，一个是莲藕，不但同根生，且一样的玲珑，一样的藕断丝连。花落水流红的女儿世界里，这确实是很般配的。

并没有多少食物能像莲子和莲藕这样，天生特别适合用来阐述情爱。"莲"通"怜"，"藕"通"偶"，"丝"通"思"，怎么看都很意味深长。然而它们的味道倒很清淡，并不是浓情蜜意、轰轰烈烈的热恋情状———莲子中心有一缕苦，总让我想起爱到深处，心里割舍不下的一丝苦楚来。不好意思告诉别人，自己却又无法完全消化，大部分时候只好偷偷藏在甘甜愉悦的最深处。也许正是这个理由，让我从小就总不爱去了芯的莲子，认为吃起来变成一味地放松享受，少了细细咀嚼品味的鲜活。但太苦也不好———过分的苦楚，便失却了情意原有的清甜初衷，那也并不像一枚莲子该有的境况。

市面上的莲子分为数种。我眼皮浅，只知有红莲子与白莲子，真正熟悉的也不过是白莲子而已。晾干的莲子虽一样可以煲汤，但总觉得味道没有新鲜的好：

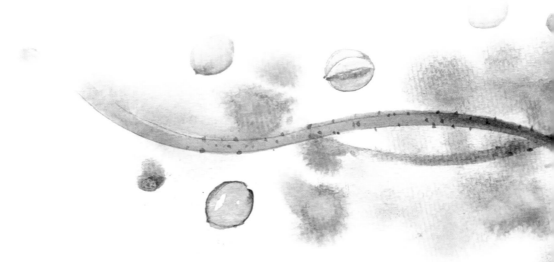

从青翠疏柔的莲蓬里一颗颗剥出来，娇嫩到指甲轻轻划过便有伤痕。那才是刚出水的灵气，化成恬淡清甜融化在口中。对，莲蓬也是个有趣的：虽然有密集恐惧的人可能不一定喜欢它……但水乡的小孩子，有谁不曾把它拿在手中把玩多时呢？无论身在何处，只要撕开它，就有荷的清气扑面而来。连着一整个夏天的记忆，都回来了。

不吃的莲蓬也可以放干。时间长了，它会逐渐变为深厚的铁锈色，质地也逐渐坚硬，最后直可与磐石相抗衡（这也是为什么古莲子在地下泥炭中沉睡千年，打破其外壳一样可发芽的原因）。我以前在花店打工，便见过以干枯莲蓬搭配色调沉郁的干燥花，做出造型，另有一番美意。然而真正买回家的莲蓬总是舍不得放的：它大好青春年华，如何能不理不睬就这样凭空虚度？当然应该第一时间剥开吃掉。

新鲜莲蓬上市，只有夏末这一小段时间。故四季常用还是要靠晒干的莲子。这就更适合药膳，或做莲蓉：浸水煮烂，加白糖和油细细炒匀。属于清水和夏日的风情虽远去，却变为另一种沉稳的味道——经历长久时间、重重手段，磨炼出细腻绵密的甜。加在糕点里，妥帖丰厚，一样欢喜。

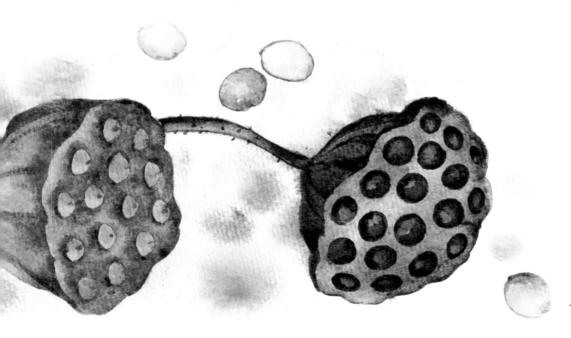

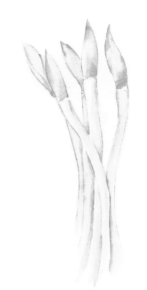

莲藕的门道似乎比莲子更值得细说。我很早就听说藕有七孔与九孔之分，一种清脆，凉拌生食最宜；一种粉糯，用来煲汤或制桂花糖藕是最好的。但果真如此么？下厨伊始，我曾非常认真地将买来的藕一一清数，得到的结果却是：口感和孔数之间并没有什么特定规律。依从这个说法，还不如按产地判断来得靠谱些：洞庭、鄱阳一带，粉藕几乎是占有压倒性优势的主流；到西湖、太湖，便以脆生生的为多。然而，也许是我的舌头不够灵巧，吃遍湖北的排骨藕汤、江西的凉拌藕片、浙江的鲜肉藕盒、江苏的桂花糖藕……若用别处的藕做，味道上似也无伤大雅——我这样讲，不知道对家乡藕很有感情的诸位会不会不高兴。又或许莲藕本就脾性

藕带有个更诗意的名字"藕簪"，
其实就是莲藕的小时候……
所以口感更加清脆爽朗。
两湖一带以此为特产，别处就不多见了，
加红椒丝做的"酸辣藕带"，
是最讨喜的特色菜！

138

温和，只要手法得当，也并不介意材质上一点小小的变化吧。

但有一种藕的衍生品，却真是特产——两湖地区的藕带。你可认为它是莲藕小时候，幼嫩而带顶芽的一段根状茎。内部同样有玲珑孔洞，整条粗细却不过手指，纤白微翘，故也称"藕簪"。我在武汉时，夏天一定要吃到它才算开心，最好是以辣椒、葱蒜爆炒，搭配外面烈日灼灼，屋内空调风力开至最大，一道酸辣藕带真叫人酣畅淋漓。

藕带在条件适宜的情况下，很快就要长大成为莲藕。故吃它的时间，比新鲜莲蓬还短。但只有一个月也够了！如我后来长居江浙，就再没有在市场上寻得过藕带，内心偶尔也是盼望的。但武汉的编辑老师说："如今四季都有啦，还有做成罐头的，外地都能买到。"我反而一愣，为这样的进步而回不过神。盼望有一天能在大江南北都吃到它，那才好呀。

《采莲曲》
唐·温庭筠
船头折藕丝暗牵，藕根莲子相留连。
郎心似月月未缺，十五十六清光圆。

豆花雨凉

《荆楚岁时记》里说："八月雨，谓之豆花雨。"理论上应该是指农历八月。有人解释为此时豆类植物开花，故有此名，但我总觉得不对：如大豆、扁豆、豇豆等，花期俱在夏季，农历八月已入秋，豆类的花事接近尾声，这时间差要怎么算呢？不得而知。看古人写"相携行豆田，秋花霭菲菲"之类的句子，我总怀疑，自己看到的豆花与他们说的并不是一个东西。

天还热着的时候，我在田地里寻过豆子们开的花。豆科植物的花往往都好看——蝴蝶一样的花冠，轮廓精细，仿佛随时要飞离枝头。这里面以蚕豆的花最为生动，洁白花瓣上有丝丝深紫线条，一眼瞥去，果然如蝶翼的纹路。扁豆花则更大些，浓红，也有纯白，但我未见过。它们开得最为兴盛，如杨万里说的"红红白白扁豆花"，在竹篱间缠绵成片时，颇具兴味。剩下的豇豆、大豆、四季豆，花朵都小，颜色一般是粉红或粉紫，掩映在绿叶深处，但因此更不敢惊动。农家人鲜少有专门种观赏花木的，这玲珑纷呈的豆花们，就算作点缀了。

你会说，啊！别看花了。吃到嘴里才是正经。也是，从入夏算起，整个六七八月都是豆类的全盛时期。不吃简直不现实。也过意不去。

可以先吃蚕豆。还有谁比蚕豆更蠢萌？肥头大耳，憨态可掬，别人的豆荚都清清爽爽，它的却拥有云雾状的松软细白纤维，硕大豆粒缠绵其中，果然叫人想起吐丝结茧的蚕。但另一个说法是它在养蚕缫丝的时候成熟——是，最早一批蚕豆就是伴随夏季一起降临人间的。新绿鲜活，如婴孩般有生命力，至要紧是嫩，素烧也有无限柔糯鲜美的滋味。新蚕豆需现剥，也不能久煮，不然变色糜烂，就败坏了吃的兴头。老得也快：日子一天天变热，它就一点点敦实，皮糙肉厚起来，素烧改为炒蛋，或葱花雪菜炖，或椒盐炒，至最后，是炸成兰花豆。但到那一步，鲜蚕豆的清新柔嫩也不复存在了，我因此不喜欢。兰花豆是刀山火海油锅里闯过的一身硬气，更适合在百无聊赖的时光里，就着"想当年……"的开端下酒。

蚕豆过了，有毛豆。剪去两角，清水加盐，煮。青翠可爱，是最适合小孩子消遣把玩的零食之一。或者剥了壳来打豆浆——可别见怪！人家老了就是黄豆，豆老珠黄尚可，青春年华的有何不可？我试过，淡绿色，也是很清新的。有一回剥毛豆，一颗豆子滚到沙发下面，被我忘记。半年后扫出来，果然已经干燥浑圆，彻底变成一粒黄豆。

扁豆。粤语里叫它眉豆，这名字也是好的。亦舒笔下有一对兄妹，就叫毛豆与眉豆，

菜豆/芸豆/四季豆
这三个居然是一个东西！
我表示很惊讶……
常吃的"四季豆"是肉厚豆小的品种，
"芸豆"子粒也有肥硕的，根据颜色又有不同。

妥妥的小儿女形态。我小时候吃红烧的扁豆丝，不知为何，一度以为那是四季豆，后来自己下厨时也是买四季豆。怪道切丝那么难，且烧不出当初的滋味来。扁豆上台，天气就很热了：那宽阔的紫色和白色豆荚一片片摞在竹筐里，卖菜的人已经懒怠于出声叫卖了。我吃着它，会想起童年的火烧云：碗里浓油赤酱，天上色彩斑斓，夏天最有力的节奏就该是这样的。

豇豆和四季豆是另一个门派的——"不能只吃豆子，要连豆荚一起吃"派。它们俩也容易混淆：四季豆有时候被叫"豆角"，豇豆则是"长豆角"，一来二去，买错了也是有的。不能等到豆粒长大成熟再吃——那样的话，豆荚已垂垂老矣。然而豆荚味淡，所以它们俩的食谱向来热烈饱满：酱豇豆、酸豇豆、茄子烧豆角、干煸四季豆……菜农们总爱因此做文章，只有夏天，才有机会买到他们说的"本地四季豆"：更紧实的，更纤细鲜嫩的，不用烈火烹油，怎么做都是好吃的。在蔬菜界，"本地"就是"新鲜美味"的代言。等秋冬季节，再要寻鲜嫩的"本地豆"，可就没有了。我因此觉得四季豆这名字好笑，最是名不副实的。

旅居欧洲的朋友说，豆子身上，最大程度体现了东西方饮食文化的不一样。在西方人看来，豆类就该是煮菜用，除了咸味，不应有其他可能。然而东方人却不这么想——红豆汤，绿豆汤，还有各种豆沙和蜜豆，无一不挑战西方饮食极限，我们却吃得理所当然。她因此来请教我：甜吃和咸吃的豆子，在植物学上有什么方法区分么？我苦口婆心，讲不清楚，只好给她出馊主意："你看，当年有人说：爱情是一回事，婚姻是另外一回事。你就这么告诉他们：甜的豆子是一回事，咸的豆子是另外一回事。"

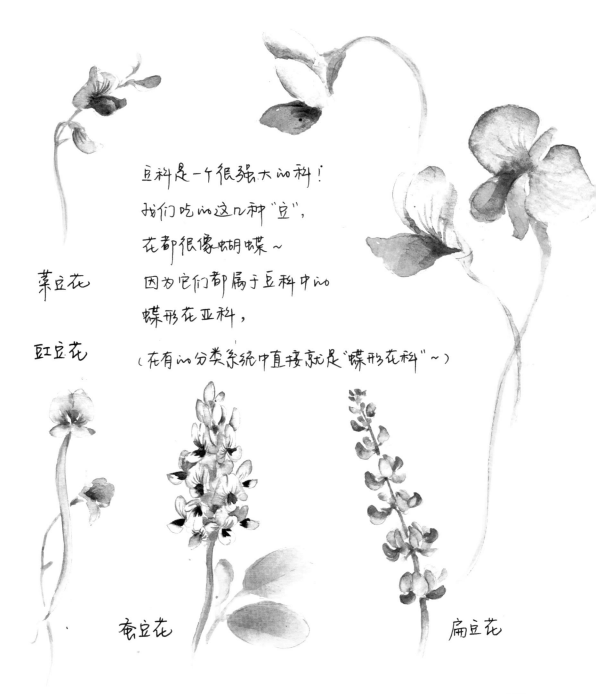

豆科是一个很强大的科！
我们吃的这几种"豆",
花都很像蝴蝶~

菜豆花

因为它们都属于豆科中的
蝶形花亚科,

豇豆花

(在有的分类系统中直接就是"蝶形花科"~)

蚕豆花

扁豆花

处暑

葫芦挂梢头
菱池歌唱晚
仍有『秋老虎』
暑气渐褪
多逢七夕中元
三候禾乃登
二候天地始肃
初候鹰乃祭鸟

144

处暑,七月中。处,止也,暑气至此而止矣。

○ 新秋
唐·白居易

西风飘一叶,庭前飒已凉。风池明月水,
衰莲白露房。其奈江南夜,绵绵自此长。

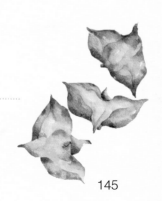

菱角这东西，其实挺神奇的。从花到叶到果实，几乎都可算是菱形，也难怪会有这么个名字。古人也一度称之为"芰"，因为"其叶支散，故字从支"，《离骚》里面就写"制芰荷以为衣兮"，说的应该是它。其英文名 Water Chestnut，翻译过来则是"水中的栗子"，也很形象。无论是它，还是板栗，还是其他的坚果们都这样：看起来总是硬邦邦、很结实、铁面无私的样子，把这层壳一拿掉，露出的就是香甜、温存、厚道的一颗心。但，总觉得菱角比大部分坚果都更柔情，因为它生在水里。

菱角和水乡之间，似有着某种约定俗成的联系。这也不为别的，它本就最喜欢温暖湿润的气候，而在地球上符合条件的地域范围内，好像也只有中国和印度把它的果实作为常规食材。已经很多很多年了，菱角伴随着长江流域的文化一起兴盛起来，在一汪汪碧波荡漾里见证着这块土地的莺莺燕燕、鱼肥米香。为什么要这样说？因为莺莺燕燕和鱼肥米香，这两个要素缺一不可，菱角的故事，必须从这里开始。

我从前有个很能飙高音的大辫子学姐，极爱唱邓丽君的《采红菱》，歌曲前身便是江苏安徽一带流传的民歌。从这角度而言，有点类似《茉莉花》，虽然它并不如后者的名气大。但古往今来，采菱似乎从来就不只是一项获取食物的劳动那么简单：和采茶、采莲一样，它是这样温柔细致、灵巧从容的一项活计，自然该由少女来做。于是一众年轻窈窕的背影就乘着扁舟去了，和着清歌一起旖旎荡漾在水面上——采菱的时候要唱歌，这也是久已有之的，不成文的规矩；又或者本来并没有什么规矩可言，只是一时兴之所至，发乎情止乎礼，大家觉得好，于是纷纷效法……屈原老早以前就写过"涉江采菱"，不知道这位满心家国天下的士大夫，是否也曾有过陶醉于民女轻舟的那么一瞬间？

和《竹枝词》《采莲曲》《采桑子》一样，《采菱曲》至后世也流传为某一特定流派的诗歌形式，专注于民风之淳朴、民女之美丽。怪不得要说似水柔情啊，果然有水的地方，总有这样多的情意：采莲，采菱，动不动地都叫人想起情呀，爱呀，饮食男女之间那种浑然天成的吸引力。南朝皇帝萧衍就曾作过一整套《江南弄》曲调，我很喜欢里面的句子："歌采菱，心未怡。翳罗袖，望所思。"——看来皇帝陛下确实是了解自己的国土的。那些天然去雕饰的爱欲，哪怕是在寻常劳作里也能自然流露；哪怕他一国之君，也知道这样的

147

水红菱
水灵灵的，生吃就很甜:)
在江浙一带最为常见。

旋律里，荡漾的是怎样清新的诗意。到了唐朝，就有王建写的"水面细风生，菱歌慢慢声"，这我也尤其喜欢：一定是丰衣足食，天朗气清的好地方吧，才会有这样的女孩子，不疾不徐，悠然自得，采的仿佛都不是菱，而是一阕优美纯真的心曲。

《红楼梦》里就有个叫"香菱"的女孩子。来自苏州水乡，生得风流袅娜。别的且按下不提，印象最深是她关于菱角香气的那一段话："不独菱花香，就连荷叶、莲蓬，都是有一股清香的；但它原不是花香可比，若静日静夜，或清早半夜，细领略了去，那一股清香比是花都好闻呢，就连菱角、鸡头、苇叶、芦根，得了风露，那一股清香也是令人心神爽快的。"

这一听就是有慧根的人说出来的话。也无怪乎她能入黛玉的眼，把满腹诗书倾情相授。这两人倒是有缘。黛玉是"莫怨东风当自嗟"的水芙蓉，即荷花。香菱与她是同乡，自然就应了"根并荷花一茎香"的说法。然而千红一哭，万艳同悲，她的命途比水中菱角还要漂泊流离。等霸气侧漏的小姐夏金桂进门，香菱就成了秋菱，淡淡清香被压榨得一点也不剩了。

乌菱
煮熟之后才更好吃，
一点也不脆，粉糯粉糯的。

入秋前后，菱角大规模上市，但的确也真没有太长的好日子。从最早的，应该是吴苏的水红菱，据说春末夏初就可以吃，肉质也那么细嫩、雪白、清甜，舌尖一抿便融化了，绝对堪当水乡佳处的赏味代表。到后来的青菱与乌菱，慢慢就有些经受了风霜的味道，非要煮熟了仔细嚼一嚼，才能回味出香菱姑娘说的那一股粉糯清香，继而被用在更加复杂或含蓄的食谱里——熬粥、烧肉，抑或晒干磨粉制作糕点……这就要提到"菱米"这个词。剥干净的米白色的菱角肉，风干后的确很适合作为粮食储存。毕竟从前就算优渥富足如江南，口粮丰歉也是要听天由命的。这么一来，与其坐等，倒不如充分利用手头资源，江河湖水在那里，预备好的菱角总不太会亏待你。

《调鼎集》里有一系列关于菱角的食谱，收录的不光是菱角肉，就连它的茎条也可以吃，谓之"拌菱梗"："夏秋采之，去尽叶、蒂。苗根上圆梗，滚水焯熟，拌姜、醋、糟，醉可也。"后来常吃到的，是用它们剁碎了拌肉糜，用来包包子，我觉得那里面仍有股清新之气，比酸豇豆要有意境得多。还有一条，关于鲜菱："菱池中自种者佳，现起现煮，菱魂犹在壳中也。"读来就叫人神往。等一下，菱魂是什么味道？依我自作多情的理解，大约就是水乡深处泛舟的味道，少女轻语浅笑的味道，还有那些绵绵诗词曲赋里的风雅味道。用现代人的话说，那吃的可并不是菱角，而是情怀啊。

菱歌唱不彻，知在此塘中。

月暗送湖风，相寻路不通。

唐·崔国辅

《杂曲歌辞·小长干曲》

149

《本草纲目》

明·李时珍

壶，酒器也。卢，饮器也。此物各象其形，故名。俗作葫芦。

"七月流火，九月授衣"，这句子我很小就耳熟能详。然而还有"七月食瓜，八月断壶"一句，这就只有认真读过《诗经》才知道了。断壶，"断"即割断，"壶"即葫芦一类的果实；不知为何，总觉这两个字搭配在一起分外妙，读来更有错落美感——大大小小，形若满壶的果实挂着，采收的人们手脚麻利，迅速地割下来……丰收的喜悦，仿佛已然展现在眼前了。

葫芦与人类纠缠的历史太久远。虽然桑、韭、葱之流，都可算资深前辈，但摆到葫芦面前，只怕无一例外，都要败下阵来。算到我们头上，种葫芦的历史已有七千年了。七千年！这么长的光阴，那故事可实在不是我一时半会能说完的。要从哪里开始呢？

还是先说说"葫芦形"吧。

最早的葫芦并不是葫芦形，至少不是个正常现象。据从前的说法，有"长如越瓜，首尾如一者""无柄而圆大形扁者""短柄大腹者""项短大腹者""细而合上者""似匏而肥圆者"——几乎涵盖了常见果实可能存在的各种形状，但叫我们印象深刻的葫芦细腰，却并无记载。这也好理解：从自然选择的角度，有个"腰"对葫芦自己来说，实在没什么用。从人工选择的角度，劳动人民们也是把它朝腰肥膀圆的方向培养。很长一段时间，社会主流推崇的葫芦应更接近梨形——圆满丰厚，意味着有多的肉质可食；老化之后，果壳几乎完全木质化，内部也变得中空，又是盛放物资的优秀器皿。偶尔变异出现的细腰葫芦，非但不讨喜，还很不实用。唯独医家会对它略微上心：用来装药引，易进难出，姑且算是合适的。

西葫芦
其实并不是葫芦！
它是南瓜家族的。

　　广大群众开始喜欢细腰葫芦，估计是在宋明之后。食用蔬果的选择多了，文玩工艺也兴起，别具一格的细腰葫芦才终于抓住了好奇者的眼球。它可以不好吃、不好用，但胜在造型奇特，最适合打造为珍藏把玩的对象，也最适合那些神仙妖道、古灵精怪的传说。于是经过了漫长的循循善诱，葫芦的形象才终于定格于一个凹凸有致的轮廓。仿佛这才是它最正宗的模样，至于曾经那些或长或圆，或胖或瘦的"优等生"，反而渐渐要被忘却了。

　　葫芦肯定没有想到自己的"职业生涯"最后会落定于此。真的，至少在过去很长一段时间里，人们的关注点几乎都在实用价值上。做食材、做器皿、做乐器，甚至嫩叶可食，洁白柔弱的花朵可赏（即夕颜花的一种），瓜瓢中的籽粒也一样细白整齐，曰"瓠犀"——所谓"齿如

瓠子
加长版的葫芦！

瓠犀"，是身为美女的必备条件，即由此而来。甚至它还有机会见证新婚之夜的情投意合：将自己一剖为二，作为盛酒的工具，是所谓"最早的交杯酒"。古时交杯亦称"合卺"，这"卺"，即是葫芦的一种。

想来也是有趣。当年柏拉图提出"我们生来都要寻找命中注定的另一半"，听上去是多么深刻的哲学道理。殊不知在千里之外的华夏大地，葫芦们早已用更加通俗易懂的方式，为之现身说法了。

综上所述，"神通广大"四个字，葫芦是担得起的。说到底，"吃"只是很不起眼的一项本领，反正用途那么多，种上一株，吃几个也是理所应当。但那味道与营养……似乎就一直没什么亮点，古往今来的食客们每每提及，也总是顾左右而言他，还是《清异录》说得最老实："少味无韵，荤素俱不相宜。"如今菜品丰富更胜昔日，葫芦就更少有机会出现在餐桌上。偶尔在夏秋的小摊上见到几个，浑圆蹲坐于一众水灵菜蔬间，却很像是来路不明又拙于言辞的胖头和尚，叫不熟悉的人不敢贸然信任。倒是它旗下一个原来并不太知名的变种——瓠子，方言里也叫"扁蒲"，如今胜出，成为周年供应的常见蔬菜。至于西葫芦，那并不是葫芦，说是南瓜的一种，才更合适。

顺便说一个《卢氏杂说》里的故事。一人到亲戚家做客，听见主人对下厨者说："把它蒸烂了，拔掉毛，别把脖子弄断了。"客人以为是烹制鸡鸭，好生欢喜。没想到端出来一看，是个葫芦。

细腰葫芦
也叫"亚腰葫芦"，
其实一那是培育来的～

白露

落葵献子
葛花披离
夜来清凉
地面露水浮现
三候群鸟养羞
二候玄鸟归
初候鸿雁来

154

白露，八月节。秋属金，金色白，阴气渐重露凝而白也。

○ 白露
唐·鲍溶

清蝉暂休响，丰露还移色。金飙爽晨华，玉壶增夜刻。
已低疏萤焰，稍减哀蝉力。迎社促燕心，助风劳雁翼。

葛花零落风

和很多野花野草一样，葛的情味，是要长大之后才能慢慢摸索出来的。

我小时候，一度以为葛粉是全国人民普遍享用的东西，吃得太理所当然。植物书籍上读到它，也是"产于我国南北各地，几乎遍布全国"，于是毫不犹豫当了真。然而后来辗转各地，才发现事实并非如此：出了长江中下游，见到葛粉的机会就真的变少，从超市到菜场，都并不怎么见到它的踪迹。倒是藕粉，相比之下名气要响亮许多，尤其在北方，"西湖藕粉"四字似已成为江南水乡的某种代言。换做葛粉，就多半不知道你在说是什么了。

不过也不好说别人的。即使是我自己，在生命最初的十几年中，也并不知道"葛"究竟是何方神圣、何等尊容。唯一的辨识线索，不过来自葛粉包装袋上那几张图片，一截粗老根茎，寥寥绿叶紫花，十分写意。至于里面装着的灰白粉末，无论外观、做法、口感，与藕粉都太过雷同，吃得多了，便也叫人无心再追究。是藕是葛，有那么重要吗？

葛粉与藕粉的味道略有细微区别，需要很小心才能体会。据我观察，葛粉的质地更为清透稀薄，却有更浓烈的气味，像是一股莽撞力量由乡土深处冲撞而起，野性难驯，凛冽粗犷。藕粉却温柔和顺得多，因此除直接饮用，亦可拿来做菜。但后者会在知名度上压倒前者，倒不是出于这个原因——葛粉产量低下，提炼纯化的成本也高，理所当然是该被市场经济所淘汰的。不得不佩服的是商家们的心思：到了他们嘴里，"量少"反成为"珍贵"的表现，至于那一点本并不受青睐的野气，也被描述为"人参味"……种种附会，或许都是为了暗示"可不要小看我，更不要拿藕粉与我相提并论"吧。

葛本身倒并不是什么偏门的植物。吴越岭南的田间地头，此君身影十分常见，自古以来大家就很懂得将之物尽其用。但早期对它的关注似集中于织布——茎条纤维经过锤炼，可制成轻巧的布匹，据说清凉挺拔，类似于亚麻，夏天穿着十分受用。《诗经》里即有相关例证："葛之覃兮，施于中谷，维叶莫莫。是刈是濩，为絺为绤，服之无斁。"——几乎一半都是生僻字，并不很方便理解……但可以肯定的是，这里所提到的"絺"与"绤"，就是葛布的两种，一粗一细，都是平民常用的服装布料。魏晋以降，葛布又被用来做头巾。是所谓"葛巾"。你见古装剧里的书生之类用一幅黑布包住头发，往后垂下来，便是它了。

至于葛的食用功能从何时开始，我倒不是很确定。能找到最早的记录是东汉年间的《神农本草经》，后人对此有注解："葛根，人皆蒸食之，当取入土深大者，被面日干之。南康、庐陵间最胜，多肉而少筋，甘美，但为药用之，不及此间尔。"南康、庐陵皆属江西，直到如今也是葛根的重要产地。到了唐朝，葛花也加入食用阵营，但不是为了充饥，而是用来解酒。韩翃就写过"葛花满把能消酒"。但真的有用么？就现代医学的分析结果来看，我是很怀疑的。

那葛花何以给人这样的联想呢？并不懂。但也不重要了。这年头宴饮之余，应该不会有人跑去满地找葛花了。至于说葛粉能解酒，也是误会比较多一些。有用的是温水加淀粉，它并没有什么特别神奇的成分。

且撇开这些不谈。葛花着实是好看的，在田野里，它有秋的意味。那花朵很像是用毛笔蘸了些曙红加胭脂的颜料画就，一串串浮现于碧波荡漾的阔叶间，或从藤蔓和竹篱间垂下风情万种。凡风拂过，便摇摇地告诉你：秋事已近了。日本人说的"秋之七草"，即他们心中秋季最具观赏情味的七种植物，其中就有葛。另外六种，则分别是瞿麦（抚子）、胡枝子（萩）、芦苇（尾花）、败酱（女郎花，也叫黄花龙牙）、桔梗（朝颜）、泽兰（藤袴）。皆属野生漫长的草花，柔弱易逝，落在喜欢长久的国人眼里，大约是做不得数的。但也正是这样才好：倾情忘我、明媚娇艳，那是春花的做派；秋天的花，我私心觉得还是像葛这样的较好：一种随性的风骨，天高云淡，潇洒自在。

也许这只是我一厢情愿的念想。葛是藤蔓植物，惯常作缠绵浪迹、花叶披离之态，虽然自己形意洒脱，落在旁观者眼里，却是痴缠的。纠葛，瓜葛，皆是由它衍生而来的词汇，用来比喻那些剪不断理还乱的情愫，倒也很适合。《诗经》里说"彼采葛兮，一日不见，如三月兮"——采葛不忘想念旧情人，"一日三秋"的说法，也是这样来的。本该游目骋怀的季节里，心思却如盘根错节的葛藤一样纠结……该是何等烦恼，才造就这样的遗憾呀。

葛生蒙楚，蔹蔓于野。

先秦

《诗经·国风·唐风·葛生》

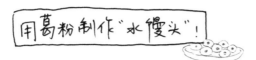

用葛粉制作"水馒头"!

需要到超市购买的材料↓

1. 葛粉以凉开水调匀，加点糖（也可不加）放入微波炉加热。

2. 加热至透明、黏糊、糊状，就可以了。

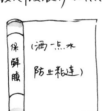  

保鲜膜（洒一点水防止粘连） + 葛粉糊 + 豆沙 + 葛粉糊 = 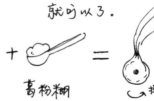 ↙扭~

3. 在保鲜膜内侧洒一点水，先放入一小勺葛粉，再放入一小勺豆沙，再用一小勺葛粉盖住。包起保鲜膜，扭紧封口，可以用橡皮筋扎住固定。

4. 扭好的小馒头们放入冰箱或冷水中冰镇一段时间，凝固后即可从保鲜膜中剥离。开始享用吧 :)

Tips:
① 传统的水馒头以葛粉制成，但也可用玉米淀粉或马铃薯淀粉代替。
② 红豆沙也可根据个人口味换成各种果酱。
③ 如果觉得保鲜膜麻烦，也可以用小碗按顺序盛放材料，冰镇后挖出来即可。

落葵

我从前并不知道木耳菜的真名叫落葵。"葵"在我印象中是已经远去的蔬菜，只存活于《诗经》"七月烹葵及菽"和乐府"青青园中葵"那个年代里。它曾经被认为是百蔬之王，没有之一，最广布种植也最历史深远；现代当然也有，但貌似只在巴蜀云贵一带，称冬苋菜。蔬菜界的后起之秀太多，有了菠菜、白菜、生菜，葵的地位就渐渐被边缘化了。比之当初，大势已去很多年。

但落葵并非是葵菜。它是落葵科落葵属，自成一家，与什么秋葵、龙葵、向日葵俱不相干（事实上这几样植物之间也互不相干）。会叫这个名字，据说只是因为与葵菜口感近似。当然，市面上都叫它木耳菜——叶片肥厚滑嫩，有如木耳，这样要形象得多。菜名还是很重要的啊，你叫不熟悉的人上街去买菜，他也许分不清茼蒿与芦蒿、豌豆与荷兰豆，但提到"木耳菜"，吃过的人都会明白：噢，就是它。放眼望去，只要找那叶片丰饶堪比木耳的，就知道是了。菜如其名，绝不会出错。

当然，今天在我这里还是要谈一谈风雅。不为别的，只因木耳菜的别名都很好听，我实在是不想放过。落葵之外，它也叫繁露、承露，因为枝叶舒展，浓郁翠绿有光泽，唯一的解释只能是比别人受了更多的甘露滋养。反过来说，这样的叶片结构也颇似荷叶，比别的植物能承载的露水也确实更多。就这一角度而言，我倒觉得它比正经的葵菜要更有风采了："下葳蕤而被迳，上参差而覆畴。承朝阳之丽景，得倾柯之所投。"这么绮丽的句子，说的

《本草纲目》
明·李时珍
叶冷滑如葵，
故得葵名。
释家呼为御菜，
亦曰藤儿菜。

161

原是葵菜。但用在落葵身上，岂不也是合适的？

买回家的落葵多半是一大把，叶子极饱满地簇拥着，肥头大耳，洗起来光泽鲜丽，叫人看着顿生满足。但它其实是藤本，若放纵一味长下去，茎条会蔓延至很长很长，叶色之美反而跟不上了。为此它又有了藤菜、篱笆菜的别名，不难想象农家将之种于篱落下，蜿蜒生长，直至翠色满园的样子。八九月间，那些藤蔓开花结实——果实是一串一串的，小小的紧匝的饱满，熟后化作紫黑色，也很像累累坠露。也有人认为"承露"一名是这样来的。

落葵果可以吃么？据说可以，但估计没有什么过人的风味，不然吃货们早就拿出来津津乐道了。它比较重要的一个本领是可以染色：揉取汁液，艳红如胭脂，以我的眼睛看去，美丽程度绝不逊色于鸭跖草揉出的深深湖蓝。草木染里会用到它，从前的女子也用来做化妆材料。点唇、饰面，都很合适。对此，《神农本草经》中有一句补充说明是"久则色易变"，但那又何妨？又没有谁天天挂一脸大浓妆做经久不衰状。倒是相比庸脂俗粉，我们总更偏爱更天然化的装饰，同样是粉底，贾宝玉那用紫茉莉花籽研制的看着就是要好些；同样是胭脂口红，用落葵果款款地一抹，可能也并不输后来那些大牌的气场。

落葵的花与果
因为果子的颜色和形状，
也有"繁露""胡胭脂"
的别名。

噢，忘记说了。就为这多出来的一道功用，所以落葵又叫染绛子，或胡胭脂。如今好像还有用它做食用染料，与化妆是一个道理。无需持久，打个照面，鲜艳动人，足矣。

改名为木耳菜的落葵如今周年都有，但夏秋季节比冬春要更多些。私心觉得这也是吃它的最佳时机，换季时难免发燥，它那样柔润丰腴，滑滑地吃下去，很是熨帖。类似这种质地的蔬菜好像都容易带来满足感和滋补感，如丝瓜、秋葵、莼菜。但讨厌的人总嫌它们黏稠的质地是"恶心"的，各种避之不及，可见世事古难全。

秋分

初候雷始收声

二候蛰虫坯户

三候水始涸

昼夜再度平分

正值秋高气爽

彼岸花开

丹桂飘香

常逢中秋佳节

赏月之大好时机

164

秋分,八月中。解见春分。

○ 点绛唇
宋·谢逸

金气秋分,风清露冷秋期半。凉蟾光满,桂子飘香远。
素练宽衣,仙仗明飞观。霓裳乱。银桥人散,吹彻昭华管。

橘柚垂华实

　　我家里有中秋吃柚子的习惯。问过几个同学朋友，却并没有。小时候觉得奇怪，于是又问家中长辈，得到的答复是柚与"佑"谐音，更兼柚子清香黄圆，是适合团圆节日吃的东西。这解释很通顺，但我长大后查遍古籍，却并不曾见有相关的记录，只怕更像是后人附会的。唯一可以肯定的是：柚子确实是在中秋前后大批上市，其后橘子，再后橙子与柑子。柑橘属这几种水果，几乎将整个晚秋的好风光占尽，当真就像苏轼诗中说的那样，"一年好景君须记，最是橙黄橘绿时"。

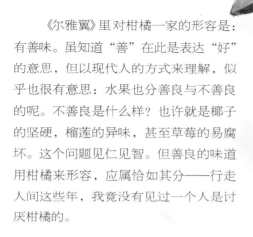

《尔雅翼》里对柑橘一家的形容是：有善味。虽知道"善"在此是表达"好"的意思，但以现代人的方式来理解，似乎也很有意思：水果也分善良与不善良的呢。不善良是什么样？也许就是椰子的坚硬，榴莲的异味，甚至草莓的易腐坏。这个问题见仁见智。但善良的味道用柑橘来形容，应属恰如其分——行走人间这些年，我竟没有见过一个人是讨厌柑橘的。

这断不是我年岁尚小，见识短浅的缘故。要知道古往今来这么多年，柑橘属所获得的美誉，在水果界绝对是数一数二的。只是早些年并不称"柑橘"，而是"橘柚"——理由十分简单，这一家子里最早流行起来的就是橘子（宽皮橘）和柚子。早在先秦时代，它们即已是文人偏爱的创作题材：比较有名的像是屈原的《橘颂》，"后皇嘉树，橘徕服兮"，以其优秀属性为自己才德的代言；又如《晏子春秋》里的"橘生淮南则为橘，生

于淮北则为枳"。虽说橘与枳完全是两个物种，晏婴这套说法根本不符合自然科学规律，但好歹也能说明当时的柑橘类资源已足够丰富，对它们的味道也已颇有研究了。再往后，橘柚之名几乎成为一切美好品德的代言：橘柚垂华实，南中荣橘柚……相比之下，与屈原年代相近的吕不韦倒是很单纯。《吕氏春秋》里说"果之美者，江浦之橘，云梦之柚"。只觉得它美味而已，并不因此考虑更多。

不过话说回来，吕不韦是秦人，北方汉子一名，橘柚的盛产地却在长江以南。纵使他当年行商四海，样样都亲身经历过，我怀疑他也未必理解水果们代表的这一套南方文化：橘叶光润长青，橘花芬芳如雪，橘实清亮酸甜，那是属于屈原的浪漫主义。风流有余而犀利不足，并不如北地偏爱枣与板栗的沉稳坚实。大家欣赏点并不一样，相比内涵，还是美味比较容易达成共识。

但橘柚们可不是只甘于被吃的寻常角色。它们的更多好处很快被发掘，如园林观赏，在汉朝即已初具规模。《史记》里也提到种橘子可以发家致富，甚至专门设有"橘长官"一职，据说是橘子产区的地方官，每年以最佳的柑橘作为朝贡……更多的品种和杂交种也随之而来，如佛手、香橼、橙子、柑子，如今能接触到的大众品种当时已一应俱全。小姑娘们还掌握了更高端的技术：蒸馏提取橘花和柚花汁液，用以美容。这么说来，我们今天看去很洋气的纯露、精油，其实几千年前的妹子们就在用：爱美之心果然一直是相通的。

橘花确实很好。纵使未得结果，只是微张着洁白的、娇小玲珑的五个花瓣，那香味也流露出足够善意。尤其成

168

片开起来，宛若堆空皓雪，清芬浮动，我以为并不逊色任何名贵花朵。印象深刻的两则橘花典故都来自日本文学——紫式部的《源氏物语》，以橘花为一个女子命名，极温柔却极平凡的；以及清少纳言的《枕草子》，更有芬芳力透纸背——"从四月末到五月初旬的时节，橘树的叶子浓青，花色纯白地开着，早晨刚下着雨，这个景致真是世间再也没有了。"若说成熟的果实是士大夫们的好人品，橘花便很像小儿女之间的脉脉情意：绰约婉转不张扬，带一点青涩。我自己是很喜欢的。

因为容易杂交形成可繁殖的后代，柑橘属的亲缘关系一直很乱，美味的后代也越来越多。除橘子与柚子外，目前科学界指定的另一元老是枸橼（香橼），但大众多不熟悉——因为长相磕碜，皮厚肉少，所以很少食用，多作香料。枸橼经特殊栽培，可形成佛手，《红楼梦》里就曾写到探春拿上好的白菊花加娇黄玲珑的大佛手来装饰屋子，一则好看，二则有清香，可代熏香之用。但佛手又并不是佛手柑，也不知为什么会有同样的名字。除此之外，还有柠檬、青柠、葡萄柚……背后都有学问。这要说来，话就长了。

只多提一句。就在探春的屋子里，柑橘家族还促成了另一件好事：刘姥姥的外孙板儿，凤姐的女儿巧姐，在此交换了各自玩的香橼与柚子。橼通"缘"，柚通"佑"，两种水果本属一家，可见是有缘的。怪不得红学家们在这个问题上倒有很一致的看法：后来贾府没落，正是在刘姥姥的襄助下，板儿娶了巧姐——缘定今生的伏线来自两只水果，这也是很有趣的。

169

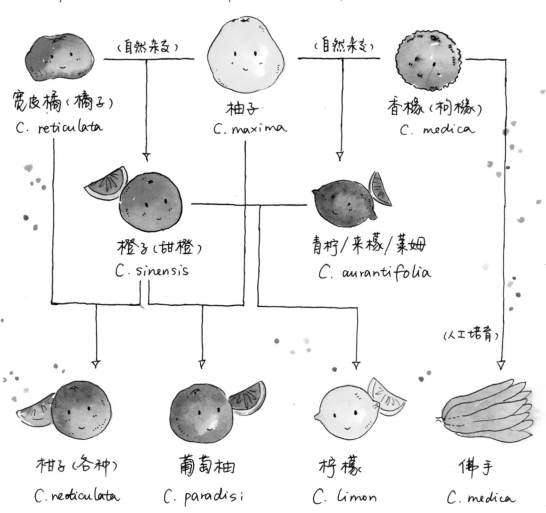

柑橘家谱

现代科学研究认为柑橘属(Citrus)许多水果一般起源于以下三位"元老":

宽皮橘(橘子)
C. reticulata

（自然杂交）

柚子
C. maxima

（自然杂交）

香橼(枸橼)
C. medica

橙子(甜橙)
C. sinensis

青柠/来檬/莱姆
C. aurantifolia

柑子(各种)
C. reticulata

葡萄柚
C. paradisi

柠檬
C. limon

佛手
C. medica

（人工培育）

其实植物之间的"生殖隔离"并没有那么严格，
我们吃的很多水果/蔬菜其实都来自不同物种之间
的反复杂交（但一般都是在"亲戚"之间。

这里还有一些"很像柑橘"然而并不是的：

 → 枳 枳属（Poncirus）　→ 不好吃，一般入药～

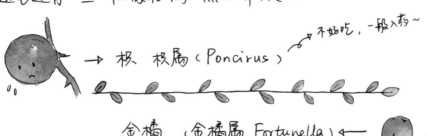

金橘 （金橘属 Fortunella） ←

 顺便来复习一下英文里各种柑橘属水果的单词吧！

 橘子　　　　 柚子　　　　 大红橘
madarin　　　　pomelo　　　　tangerine

（好复杂啊……） 枸橼　　　　　 橙子
citron　　　　　orange

 柠檬　　　　 青柠　　　　葡萄柚
lemon　　　　　lime　　　　　grapefruit

煮芋

芋头叫我心情复杂。一方面，很喜欢它绵糯细腻的质地，怎么做都觉得好吃；另一方面，却又无可救药地将之与穷困联系起来——如凡·高那一幅画《吃土豆的人》，看着便辛苦，一碗毫无点缀的芋头汤也有类似效力。许多食物背后其实都有连带印象：如草莓樱桃是少女，白菜萝卜是老实人过日子的平淡百味。芋头、番薯、土豆，看着土气，吃来厚实，因此成为穷苦人家的慰藉。奥黛丽·赫本曾抱怨自己平胸和手脚丑陋，她认为那是年少时物质匮乏导致的发育不良。"只靠吃郁金香球茎过活"——唔，但郁金香仍有绚丽花朵，作为女神的食物，它明显比芋头和土豆更契合。

古书里关于芋头的记载，确实多与饥馑有关。甚至传说有山中居民用晒干的芋头筑墙，荒年取来充饥，算是我见过最实用的创意之一。中国人习惯吃稻米，根茎提供淀粉的植物并不多，如番薯、土豆，都是明朝之后才引入的舶来品。土生土长的芋头因此显得难能可贵，甚至名字也由此而来——块茎硕大，令没见过的人发出"吁！"的惊叹。后来的

命名者们触类旁通，连带一堆块茎硕大的植物被冠以"芋"之名：魔芋、海芋、香芋、山芋、洋芋、喜林芋……其实除了个头大，与芋头几乎都无关系。现代人见多不怪，再没有谁会因为芋头的体形而长吁短叹了。

我见过的是很多人为芋叶惊叹。芋叶翠绿平展，桃心形状，动画片里常有小精灵举一枚大叶子做雨伞，芋叶会是最佳选项之一。芋头本就喜湿，沿溪水而种，景象绝不亚于"接天莲叶无穷碧"的迷人。尤其有雨水或露珠造访，晶莹映衬，颇有仙气，叫人完全想不到它在地下是那么的朴实厚道。

但挑芋头的学问确实是在个头上。芋头有母芋和子芋之分，长大成熟者是为母芋，其上冒出芽点，又分蘖出新的小个芋头，即子芋。母芋多历久弥坚，炖煮不易酥软，口感也因此欠佳；个头小、无分蘖的子芋，吃起来才柔软可爱。南京有糖芋苗，以红糖加桂花调和，绵密香甜，身为主角担当的芋头必须是又小又嫩的子芋，入口一抿即化，最为治愈。若偶尔碰上没眼光的厨子，选了母芋为材料，吃到嘴里生涩坚硬，是扫兴的。即使嚼碎吞下去，心里也好像仍有一团难以消化的疙瘩，叫人介怀，甚至要赌气："太不上路子了，下次再也不要来这家吃。"

秋风起后，新芋头上市，红糖桂花固然是应季绝配，但除此之外的好吃法还有很多。我喜欢的家常做法是将之蒸熟，切块，与爆香的麻油葱花一起炒，上桌即可作主食，有滋有味，不再需要任何菜肴辅佐；老一点的，可做汤，择小青菜，清汤挂煮，撒盐、味

很少看到芋头开花。
但据说在云南一带，
芋头花也是常见的食材，
花蕾可以炒菜也可以入药。
还有芋头的果子
（看上去好像有一点恶心）

精、一点点胡椒，喝到整个肚子都是暖的；再老一点，则做粉蒸肉。芋头铺底，上是五花肉，一律裹以香辛料炒过的碎米粉，上锅蒸熟，淋一勺生抽。总之是很适合发挥的食材。借用古人的话说，是"本身无味，借他味以成味"，我觉得很像是东方文化的精髓所在：任凭你酸甜苦辣，五味杂陈，它只使一招化骨绵掌，打个太极，就此时无声胜有声地把一切激烈浓郁都融化，神不知鬼不觉地消解于无形之中。不记得谁还写过这样的句子：深夜一炉火，浑家团栾坐。煨得芋头熟，天子不如我——如我父母那一辈，就视煮熟的芋头蘸白糖为童年时代最讨喜的零食之一，十分情调，源自十分朴素，都是好的。

煮芋倒也并非只有朴素一面。《红楼梦》里雪景联诗，黛玉曾有"煮芋成新赏"之句，据说就是源自苏轼吃过的一道菜：玉糁羹。据他老人家形容，此物是"香似龙涎仍酽白，味如羊乳更全清"，也正因此才被用来比作漫天白雪，甚风雅。也有人认为这里的材料是山药而非芋头，此中考证一大篇，且按下不表。我还是投芋头一票：煮熟的山药雪白如乳，只是寻常；但要芋头达到这一标准，就很稀罕了。若非如此，嘴大吃四方的苏轼何尝能称赞它"色香味皆奇"呢。

哦对了，芋头花亦可食。苞黄，茎紫，云南集市上有成捆出售，其他地方并不多见。想来也不是寻常货色。据说可与辣酱、肉丝同炒，味道鲜美，可惜没有吃过。

江南小吃糖芋苗!

1. 小芋头洗净,上锅蒸或水煮5分钟左右,放凉后剥皮

2. 烧一锅开水,倒入小芋头煮熟
   (大芋头的话要先切成小块哦)

3. 用凉水调一小碗藕粉,
   倒入沸腾中的锅内
   加入红糖调色,充分搅拌

4. 出锅,洒一些干桂花或腌桂花,
   趁热就可以开吃啦^^

Tips:
①尽量选小个的芋头,方便煮熟,
  口感也更细滑。

②煮熟的芋头易碎,所以请注意火候。
  加入红糖和藕粉搅拌也请小心。

③藕粉也可用类似调料替代,
  如葛粉、玉米淀粉等。

寒露

初候鸿雁来宾
二候雀入大水为蛤
三候菊有黄华
露气寒冷　行将凝结
适逢重阳节
有登高　赏菊
佩戴茱萸等习俗

176

寒露,九月节。露气寒冷,将凝结也。

○ 早发

唐·李郢

野店星河在,行人道路长。孤灯怜宿处,斜月厌新装。
草色多寒露,虫声似故乡。清秋无限恨,残菊过重阳。

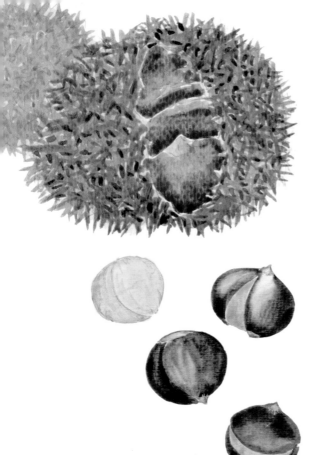

毛栗子

如果秋天是一剂香水，那它的香调大概是这样的：前调是菱角与莲蓬，中调是桂花与柑橘，后调是板栗，再加一点点菊花的清气作为调剂。留香散去，秋天也就结束。这样的搭配会好闻吗？不知道，但我对大自然的安排有信心。尤其板栗味儿，是很重要的——怎么说呢？秋没有板栗，就如春没有野菜，夏没有凉瓜，冬没有烤番薯。此等空虚，断非山珍海味所能填补。

可别看不起板栗味儿。据我观察，秋的炒板栗，冬的烤番薯，绝对是街头巷尾最具杀伤力的两种散香利器，其张弛有度，余韵悠长，绝胜所有潮人大佬的名牌香水。等四处烟火起来，一锅粗大黑砂热气腾腾地翻搅着，哗，哗，清冷阳光下裹挟着香甜气味的板栗油光水滑端出来……那不仅好闻，可也真是好看呢。但这年头似乎很少见到在街头炒板栗的：和炸炒米、画糖人、卷棉花糖一样，这些曾因历史悠久而形成的颇具看点的手艺，有点类似欧洲街头的行为艺术，如今已不被城管和观众们所需要了。我去水果店，见门口一字排开，都是炒好的板栗，正襟危坐，堆积如山。老板娘倚在一旁用手机看直播，巨大的翻炒机器正在后方卖命工作——"滚热的，你尝尝。"她拈起一粒，很自信地塞到我手里来。

板栗虽香，板栗花却臭。所有嫌弃石楠

花气味难闻的，都该去闻闻板栗花才好。我从前的实验基地门口就有一片板栗林，六月梅雨季节，正是它们花期，一片潮湿闷热里堆满板栗花的恶臭，招来无数苍蝇，嗡嗡作响有如闷雷，简直是噩梦。我被熏得心力交瘁，算数字总出错，忍不住指着外面骂粗口。但到了九十月，复又欢喜起来——板栗熟透，沉沉欲坠，我便怂恿师弟去打。少年身轻如燕，负一竹竿，三两下登上屋顶，即可"扫平天下"。于是接下来一整个秋冬，板栗都多到吃不完，有这样的福利，倒又觉得那臭味是可以忍受得了。

古人似乎并不计较板栗花的臭。许多古籍里都有记载栗树的种植，宫殿里，行道上，大家安之若素。记得有谁曾写到宫里的板栗，一旦成熟，宫娥们便一哄而上，摘个精光，平素被认为是武力担当的男子们反而尝不到一点甜头。好吧，就算臭味无碍，可若果实成熟，掉下来不也会伤人么？板栗壳斗多刺，被扎一下不是闹着玩的。我在邱园（Kew Garden）参加树顶漫步（Treetop Walkway），十几米高的栗树，枝头果实近在咫尺。同行的女孩伸手去摸："呀，毛茸茸的，我要试试它是软是硬。"结果呢？她哭笑不得地对我们控诉："怎么会这样硬！"

当然咯。毛栗子，毛栗子，先有毛，才有栗子。城市里不容易见到板栗树，拿出来卖的，都得先把一身刺毛扒干净，也怨不得有人不知道。这刺毛一名板栗蓬，直至熟透也是碧青，虽然刚硬，但根据品种不同，疏密长短亦存在区别。放脚下踩一踩便松开，徒手即可取出里面光滑的栗实。至于现代批量化剥壳，则靠机器。倒不知古代矜持的仕女们是如何处理的。要我说，树梢的板栗就像

179

爱。爱是什么？爱是想触碰又收回手。

板栗其实是古老有内涵的植物。《黄帝内经》里所谓"五果"，我理解为上古时代人气最高的五种果实，其中就有它；老祖宗们供奉先人，或皇亲国戚开堂设宴，也一定少不了板栗。因为是坚果，外壳厚、淀粉多、水分少，所以大可长期贮存，周年使用，只此一条即胜出其他果类许多。它分布又广，大江南北均产量颇丰，丰年可做零食，饥岁可充粮仓。不受欢迎简直没有天理。我听说从前的人喊它为"树上的饭"——大概就是类似原因。几部农书里，也不约而同提到贮藏板栗的方法：盐水浸一宿，滤出，晾干，以泥沙封存，经岁不坏。简单一点，直接风干，曰"风栗"，据说也不错。

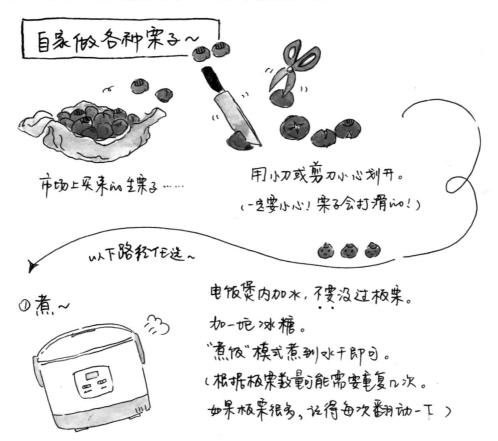

自家做各种栗子～

市场上买来的生栗子……

用小刀或剪刀小心划开。

（一定要小心！栗子会打滑的！）

以下路径任选～

① 煮～

电饭煲内加水，不要没过板栗。

加一把冰糖。

"煮饭"模式煮到水干即可。

（根据板栗数量可能需要重复几次。

如果板栗很多，记得每次翻动一下）

板栗的食谱极多。煮粥、烧肉、制糕点、做蜜饯，无一不可，丰俭由人。不过淀粉含量高的食材大多如此，如番薯、如菱角、如土豆，都是收放自如的一把好手，同样还有落在胃里，那一股温暖、粉糯、香甜、踏实的饱足感。我印象深刻的板栗吃法有两个：其一来自林洪《山家清供》，据说“只用一栗蘸油，一栗蘸水，置铁铫内，以四十七栗密覆其上，用炭燃之，候雷声为度。”美名曰“雷公栗”，称得上惊天动地。但这也并非作者首创，貌似是在民间久为流传的方法。另一则来自《汝南圃史》，说“与橄榄同食作梅花香味，宋人呼为梅花脯”，没有试过，不知其真假。然而，确定不是由金圣叹的遗言而来的么？

不管。反正在秋天，有糖炒板栗吃，就够幸福了。

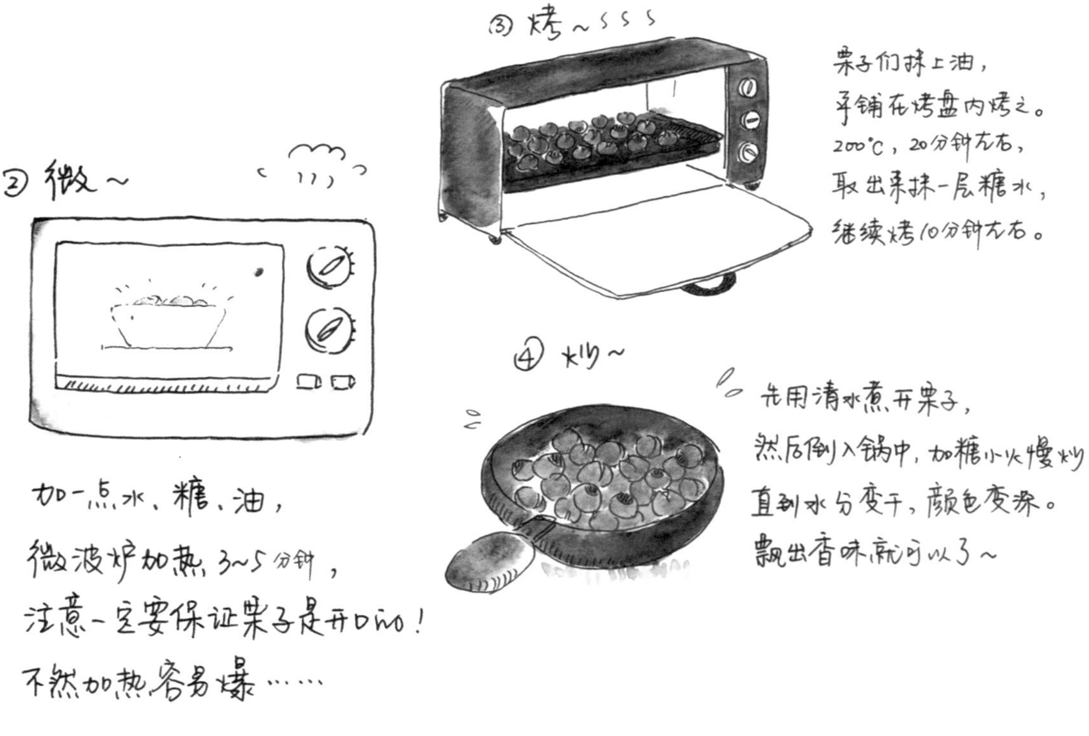

② 微~
加一点水、糖、油，
微波炉加热3~5分钟，
注意一定要保证栗子是开口的！
不然加热容易爆……
③ 烤~
栗子们抹上油，
平铺在烤盘内烤之。
200°C，20分钟左右，
取出来抹一层糖水，
继续烤10分钟左右。
④ 炒~
先用清水煮开栗子，
然后倒入锅中，加糖小火慢炒
直到水分变干，颜色变深。
飘出香味就可以了~

奇异果

"苌楚"这名字大家都不熟。但说猕猴桃，就都知道了。现年头它还有另外一个雅名：奇异果，据称是由英文 Kiwifruit 翻译而来。Kiwi 与新西兰有关，奇异果于是也很容易被认为是新西兰的特产——我知道很多商家会说：奇异果和猕猴桃不一样，前者是澳洲进口，后者是国产。这话叫人难以反驳，但完全是个噱头——至少最初，奇异果就是猕猴桃的外文音译名，大家同宗同源，没什么不一样。只是后来被各路商人玩出花样，从学术角度来看，纯属添乱。

猕猴桃的原产地是在中国，跟新西兰一点关系都没有。之所以会移花接木，是因为它后来发家致富，漫漫成名路是以新西兰为起点，有点类似那些漂洋过海在异域成了名的华裔演员。这一位最早的名字是"苌楚"，而后改为猕猴桃；再后在国外出道，则是顶着"奇异果"的名号了。还记得《诗经·桧风》里的句子吗？"隰有苌楚，猗傩其枝。夭之沃沃，乐子之无知。"——生于陕西、湖北（古楚国）一带，喜低湿环境（隰），姿态婀娜（猗傩），果实丰美（沃沃）。这"苌楚"的形象，与今日的猕猴桃，仍是如出一辙的。

苌楚比猕猴桃、奇异果都好听多了。中国风味十足，最要紧是形象生动，闭上眼睛便能想到它的枝叶款摆。我并不确定后来为什么要改名，可以肯定的是，到了唐朝，就只剩下岑参诗里的"中庭井阑上，一架猕猴桃"，再晚一点，便是李时珍等人的记载："其形如梨，其色如桃，而猕

猴喜食"，更加直接实在。也有说法认为它看上去毛茸茸圆滚滚，很像猴子的脑袋，又或者两个原因都有……总之，"苌楚"这样形象又带有鲜明地域色彩的名字，后来逐渐淹没于滚滚洪流中，直至从未存在一般。而中原各地，民间有关猕猴桃的方言称谓也颇多混乱：羊桃、阳桃、木子、藤梨……不但小众，又易与其他水果混淆。为了统一起见，大家还是更倾向于超市货架上的清晰标签：猕猴桃。

至于奇异果——有人解释说：因为它的果肉纯粹碧绿，十分少见，这是奇异的；维生素含量又很高，这也是奇异的——算是能自圆其说。可如果是在陕西、湖北的深山老林，几千年来生生不息，见惯了的，还会觉得它奇异么？

原始的青山绿水，养育出来的猕猴桃与外来品种确有不同。我吃过三峡一带的野生猕猴桃，弹丸大小，皮薄多汁，撕开后轻轻吸吮，入口即化，全然不似货架上量贩式的硕大坚硬。但也因此，它们不耐久贮运输，加工为饮料和蜜饯者居多，外人多有不知者。如今商家们习惯花重金力证自家卖的猕猴桃是来自大洋彼岸的优质货源，颇有点舍近求远的味道：其实吧，都是百年前一个传教士由荆楚地区引种过去的，只是推广营销做得好，方有了今天的全球市场。口感上虽各有千秋，但若论营养成分之类，大家同宗同源，私以为就没必要计较了。

除了吃，猕猴桃还有一个不太为人所知的好处，便是它的花。形色颇多，红黄粉白皆有，且都妙丽动人。但园林观赏中基本不会见到，因为果实成熟后实在恼人——要么被摘得精光，要么烂熟一地，溃不成军，都不好看。值得一提的是，猕猴桃有雌花与雄花之分，两者花期并不同步；这样一来，授粉结果就成为有点难度的事情，难怪比起别的水果，卖得稍贵一点。

霜降

初候豺乃祭兽
二候草木黄落
三候蛰虫咸俯

气肃而凝　露结为霜

霜叶红于二月花
惟有芙蓉独自芳

霜降，九月中。气肃而凝露结为霜矣。《周语》曰：驷见而陨霜。

○ 南乡子
宋·苏轼

霜降水痕收。浅碧鳞鳞露远洲。酒力渐消风力软，飕飕。
破帽多情却恋头。佳节若为酬。但把清尊断送秋。
万事到头都是梦，休休。明日黄花蝶也愁。

柿有七绝

我很小的时候，就听过"柿有七绝"的说法，"其一树多寿，其二叶多荫，其三无鸟巢，其四少虫蠹，其五霜叶可玩，其六佳实可啖，其七落叶肥厚，可以临书。"样样都十分厉害。然而南方柿树并不多，绝佳妙用不过也是听听而已。至于亲身感受，除了"佳实可啖"一条，我是并没有经验的。

但柿叶可以临书，这我知道。唐朝有红叶题诗的典故——寂寞的宫女在红叶上题诗："流水何太急，深宫尽日闲。殷勤谢红叶，好去到人间。"这片叶子随水流到宫外去，被正好路过的诗人捡到，于是展开一段惹人唏嘘的爱情故事。有的版本是说诗人的思慕被皇帝得知，于是赐婚宫女，名正言顺，皆大欢喜；也有悲哀的版本，说叶子根本没有漂出去，是诗人偶然进宫才捡起来，两情相悦，却被高官硬生生拆散了。这一对于是殉情而死。但我最喜欢那个最传奇的版本：宫女后来被遣出宫，嫁了一名夫婿。某日夫妻俩整理家当，在箱子里发现这片收藏经年的红叶，这才知道原来彼此就是当初的那个人。多浪漫啊——不光缘分使然，两人还都志趣相投，私心觉得比"破镜重圆"的典故还好呢。这样想来，也难怪有人说充当媒婆的红叶就是柿子叶：如果不是足够的宽阔鲜艳，哪里写得下年轻女孩的一腔心事，又哪里耐得过压箱底的那么多年？

把诗写在柿子叶上的并不只有寂寞的宫女。唐朝还有个郑虔，名字听起来好像很能赚钱的样子，真人却家穷无纸，就是靠囤积的柿子叶练习书画。还有苏轼"苇管书柿叶"，以芦苇为笔，柿叶为纸，真不知道该说他有情调还是替他的潦倒着急。反正越往后，题诗柿叶越像是风雅，而非无奈之举——毕竟真的很风雅，当然值得推广和效仿了。

好吧，柿子最大的好处还是在于吃。"柿有七绝"里，什么长寿、多荫、少虫，听起来都很虚，题书又是文人才感兴趣的玩意，只有吃是真真正正可以给所有人带来裨益的。生柿子硬如磐石，全是涩味，颜色也是木讷地带着一层白粉的青绿，但软熟红透之后就变

柿子的叶子入冬后也会变红。

拿来做标本或瓶插

也挺漂亮的 :)

成另外一副模样。我虽然不喜欢它，也要承认它甘甜通透，入口即化。难怪俗语要说"柿子捡软的捏"，真乃劳动人民的智慧结晶。但也有生来就一点不涩口的，如日本甜柿；以及熟透了还坚硬如初，甚至可以直接削成片吃的，如北方的方柿。这样说来，柿树品类确实极多，《花镜》里提到的就有"红柿、乌柿、黄柿、牛奶、蒸饼、八棱、方蒂、圆盖、塔柿等名色"，还有一种"椑柿"，称"叶上有毛，实皆青黑，最不堪食，止可收作柿漆"。这"柿漆"据说可以入药。此外，古时候做油纸伞时常用的黏合剂，也来自未成熟的柿子果实。一般做法是捣烂，加水，搅拌静置，放上个把月，浸出黏液，遂成。"柿漆"也很有用，但却并没有列入"七绝"里面。是嫌它不够上档次么？还是手法太复杂？不得而知。

古人有很多替生柿子去涩的方法。像是与熟透的水果混着放在一起，或以石灰水浸，还有用肥皂的……不知都是哪些个猴急的"吃货"发明出来的。也有不那么急着吃的，就充作口粮，比如柿饼。以前在南方，见到的柿饼一律浑圆甜腻，披一层细腻白霜，后来去到北京，才发现原来还有挂着风干的柿饼，形状颇似小辣椒，看起来很是好玩。还有东北的冻柿子，也是为了长期储存，想来冬三月的东三省确实形如冰窖，冻得硬邦邦的柿子算是充分利用了环境优势，一定程度上也解决了没有水果吃的窘境，真乃妙法也。

但无论柿饼还是冻柿还是新鲜柿子，我都喜欢不起来……因为太凉了。虽说水果的温和凉，体质的寒与热，听起来都是很抽象的概念，但真的寒凉的水果我都不喜欢：比如香蕉，比如梨，比如柿子，吃下去总觉得身子里凉飕飕的，异常不舒服。曾经就有吃了一只柿子导致生理期彻底紊乱的情况，导致我对它不得不敬而远之。柿饼虽然温和些，却一团黏腻浓甜，至于东北人的冻柿子，那更是想都不敢想。

对于既不动手又不动口的人来说，柿子最大的好处只能是观赏了。无论秋日霜打过的一片鲜艳红叶，还是再晚一点，叶片落光之后，红彤彤果实点缀枝头的样子，都很有看头。曾见过有闲情的农家以柿做瓶插，不过是很普通的一张木桌，上面放一只至普通的粗陶小瓶子，插上一枝肥头大耳的柿子却显得分外有味道——竟像是由浓墨与丹砂组成的一幅写意画。这么看上几天，柿子也熟透了，于是换上一枝新的，旧的放到嘴里吃掉。自给自足，何乐而不为？所谓的"农家乐"，想来倒也不过如此了。

柿饼有很多种形状，南方常见的是这种扁圆形。外面有一层自然形成的白色糖霜。

189

《异物志》

汉·杨孚

斩而食之，既甘。连取汁如饴饧，

名之曰糖，益复珍也。

190

甘蔗

《山家清供》里有一道非常刁钻的食谱，叫"沆瀣浆"。别误会，不是让你去喝什么泥泞诡怪的东西，反而是很好的味道：以味甜量足的甘蔗与大萝卜切块，一同煮烂成汁，所得即是。我起初以为它一味甘甜，一通混煮也确实叫人看着不清爽，所以很叫人想起"君子之交淡如水，小人之交甘若醴"的话来。然而再细查资料，却发现"沆瀣"最初并不是什么贬义词，而是形容夜间的露水，甘美动人，进而指代仙人们的珍贵饮料。时过境迁，这么一道可口又很有内涵的料理，似乎很适合用来耍心机：做上一杯给别人喝，能领略的多半只有甜丝丝的美意，至于背后是小人还是仙人，就凭人家裁决了。

老实说，在看到这个菜谱之前，我对甘蔗几乎是没有什么好感的。它甜得太单纯，坚硬得太过分，在我这样牙齿不好又很怕麻烦的人看来，无非只是一个蓄足了糖水的大棍子。但被古人的智慧一点化，方才领悟过来，似乎是有些不同寻常的吃法。类似的案例在《调鼎集》里也有，如将甘蔗削为小球，曰"荸荠蔗"；把小球染红，点缀几片叶子，曰"假杨梅"。不仅颇具情趣，且还省去生吞硬嚼的烦恼。这样的甘蔗，我倒是很乐意一试。

行至现代，人们大概不太有附庸风雅的类似兴致。若嫌啃着麻烦，自有相关机器愿意代劳，送出来一杯澄净清甜的甘蔗汁。当然，也还是有人愿意拎上一截，就着闲散的时光慢慢咀嚼——每当看见这样的情景，都会让我觉得人与人之间确有很大差异：你无论如何都喜欢不起来的一件事，却总有人甘之如饴；反

直接吃的甘蔗和榨糖用的
会有些不一样！
蔗糖工业用的一般是青皮（白皮）品种，
鲜食主要还是紫红色比较多～

191

之，也是一样的。

　　这也只是私下里一点小小的任性感想罢了。站在更高远的角度来看，这些糖水棍子才不是为了满足你我茶余饭后一点零星的口腹之欲，才降临人间的。除了粮食，似乎就数甘蔗对我们的生活影响最大——因为单纯的甜，更因为坚硬皮实的质地，它们几乎是这世界上最适合用来制糖的天然材料；而气候温暖湿润的亚洲，也正是因为适合甘蔗生长，才能非常充分地享用这一得天独厚的福祉。最早是印度，后流传于中国，如屈原《楚辞》中已有"柘浆"一说，"柘"通"蔗"，"柘浆"即初步加工后的甘蔗汁。虽然距离它们彻底征服华北地区还有段时间，但比起气候更为冷凉、地位也更为偏远的欧洲，东方人享受甜味的过程，已算是十分乐观了。

　　你能想象那样的一个世界吗？食盐还好说，可来自山间的石，亦可来自浩瀚的海。可是糖……那只能是难以取得的蜂蜜，加上为数不多军队的一点水果（至于适合寒冷天气的甜菜，这时候还不知道在哪里喝西北风呢）。直到东征的十字军在距离故土千里之外的地方尝到蔗糖，这才发现原来"甜"可以是如此不一样的存在——与此同时，甘蔗的种植也终于随着阿拉伯世界的兴起，一点点步入西方。为数不多的白糖遂成为西方世界里身份和地位的标榜。据说当时至为流行的一样礼物既是以白糖为材料，做成各种精雕细琢的工艺品：并非仅仅出于"好看"，而是将最稀缺的资源用最登峰造极的手段进行优化，献给最高贵的人。这么个套路，怎么说都已算是某种奢侈品经济了吧。

　　有关甘蔗的世故人情，深入挖掘下去还有许多。譬如欧洲人贩卖大批黑奴，重要原因之一即是为了补充甘蔗园的劳力；而在东方，围绕着甘蔗的步步北上，地域势力之间也曾出现过各种磕磕碰碰的交锋。纵使晚至清朝，纵使是《植物名实图考》这样"只是为了记录植物"的书，里面也提到了关于甘蔗的各种恩怨段子——历代君主之间为了交好，互相求送甘蔗的；或是闽南人跑到赣南人的地盘上去种甘蔗，结果闹得邻里并不太愉快的……这单纯清甜背后，竟是五味杂陈的人世百态。是要多少年的磨炼，才修得甘蔗这一身龃龉尽消，惟余甘甜。这样想来，会不会也让嗜甜的同学们多一点无关紧要的幸福感？

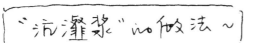
"沥瀣浆" 的做法~ （也可加入其他水果，比如荸荠/马蹄、苹果等。）

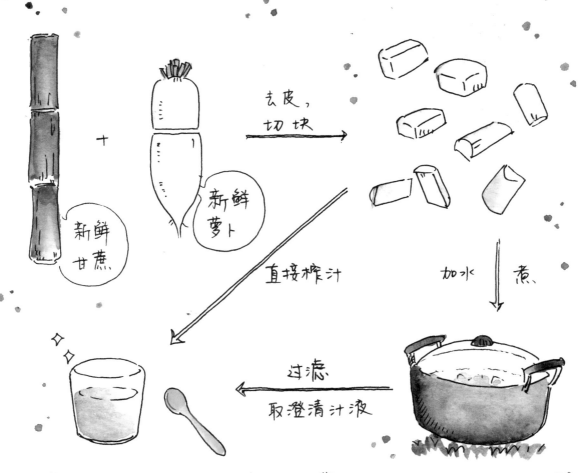

新鲜甘蔗 ＋ 新鲜萝卜 → 去皮，切块 → 加水 煮 → 过滤 取澄清汁液 ← 直接榨汁

① 甘蔗足够甜的话，不用额外加蔗糖。

② "沥瀣一气" 的东西都不长久。所以请尽快喝完，不宜久放哦。

立冬

北方喜吃饺子迎冬
古时有迎冬习俗
三秋接近尾声
气温下降　百花凋敝
三候雉入大水为蜃
二候地始冻
初候水始冰

194

立冬,十月节。立字解见前。冬,终也,万物收藏也。

○立冬
明·王稚登

秋风吹尽旧庭柯,黄叶丹枫客里过。
一点禅灯半轮月,今宵寒较昨宵多。

秋末晚菘

从前有个隐居山林的大才子叫周颙。有一日太子殿下请教他什么样的蔬菜最好吃，周颙说：春初早韭，秋末晚菘。此菘非彼松，而是大白菜。陆佃《埤雅》中对此有所解释："菘性凌冬晚凋，有松之操，故曰菘，俗谓白菜。"只不过它并不像松树一样，可长成挺拔乔木，故从了草字头。这话乍一听上去好像有点不靠谱：白菜这样稀松平常，价格又贱，怎会是蔬菜中的翘楚？但事实却往往如此：正因为最皮实，最廉价，才最经得起百般折腾，做出最叫人刮目相看的绝顶美味。

我一直觉得，在白菜身上，充分体现了吾国劳动人民智慧的博大精深。且不说别的，光是名称与种类就足以叫人绝倒——大白菜、小白菜、圆白菜、油白菜、洋白菜，可像绕口令？而大白菜又叫黄芽白，小大白菜又叫娃娃菜，小白菜又叫青菜，小小白菜又叫鸡毛菜，圆白菜又叫包菜，洋白菜又叫生菜……啊，明明都是很寻常很好认的，这么一套罗列下来，反叫人瞠目结舌，再往下细分，品类名目就更多了。我们总说什么东西价格低廉，就是叫"白菜价"——其实谁还能比大白菜更便宜？这么个物价飞涨的年代，它在诸多蔬果中的单价始终垫底。有时候买菜，我都忍不住偷偷为菜农发愁：这么个便宜的东西，从田里面收上来，能赚得回成本么？但到底不是自己躬耕劳作，这样的烦恼一转眼也就忘记，根本谈不上深刻。

大白菜
Brassica pekinensis
买一棵可以吃上好多天。
关到不见光的地窖里，
种出来就是黄芽白啦。

霜降一过，白菜的全盛时期便真正来临。但凡看到有人夹一颗魁梧的大白菜，衣帽森严地走过，心中便知晓：啊，这是冬天了。南方的蔬菜种类可能还多些，上北方的菜市场看看，半壁江山已尽数归了"白菜帮"。要是有谁一冬天都不碰白菜一筷子，我觉得也堪称一件壮举了。但它口味如此清淡平和，想必厌恶者也不会很多吧？何况还有琳琅满目的食谱可供选择，简单的一炒便是，复杂起来，那简直超出思考范围——如只取菜心，捻在鱼丸里烩；或撕去表面薄皮，切成骰子大小的丁，配脂油、火腿、鲜笋、豆粉、鸡汤同煨，待遇已赶得上红楼梦里的茄子了。所以，任凭什么样的人，应该都能在白菜这里找到乐子：如果有闲心，每天以它为材料烧一个菜，恐怕个把月也不会重样。如果这还不算智慧和情趣，那还有什么算？

青菜
Brassica chinensis
也叫小白菜。

　　小时候我身边的人都把大白菜直接叫做黄芽白，导致我一度以为这两者完全等同，后来才发现并不一样。传统正宗的黄芽白乃是将白菜栽培于不见天光的地窖里而得，因为缺失叶绿素与纤维素，分外娇嫩而不同于一般的白菜，反有点韭黄和蒜黄的意思。关于此，《广群芳谱》里有很确切的记载："北方多入窖内，不见风日。长出苗叶，皆嫩黄色，脆美无比，谓之黄芽，乃白菜别种。"倒怨不得南方人把两者混为一谈，毕竟地窖在北方多见，种出来的菜除了颜色深浅，也并无其他显著区别。还有一种娃娃菜，看起来像是微缩版的黄芽白，做出来也清甜鲜美。网上说是来自日韩的白菜品种，但也有人坚持说，不过是好一些的黄芽白的菜心罢了。于是总有人嫌它贵：本来最价贱的白菜只是多剥几层衣服，就卖出多三五倍的价钱，对于勤俭持家者来说，并不是件太容易接受的事情。娃娃菜的地位于是一直带一点似是而非的尴尬。

鸡毛菜
也就是青菜的小时候，
是吃起来非常柔嫩的幼苗。

我个人比较喜欢的是青菜。对，就要叫它青菜，"小白菜"听起来不仅没特色，且因为那首名叫《小白菜》的歌，总显得凄凄惨惨戚戚，叫人没有胃口。青菜应如其名，翠绿、矫健、姿态挺拔，最重要的是它清爽利落，并不像它的大白菜哥哥，扛一颗回家，都要累得气喘。还有青菜的幼苗，有时也被叫做"鸡毛菜"——轻巧，纤细，抓一大把都未必有多重的分量。就这么一大把，细细嫩嫩，下粥下面，都是好的。从这一点来说，虽然口味相差不大，但视觉上，似乎确实是青菜和鸡毛菜们比大白菜更能点亮人的食欲：那么新鲜的翠绿色，叫人一看就想起春天来。

清朝的《燕京岁时记》里曾说："菜之美恶，可卜其家之盛衰。"菜即白菜，也即用来鉴定社会阶级用的度量尺。不知道富贵人家的白菜都怎么做？但民间的白菜腌渍，的确是门不可多得的饮食文化，我认为并不输给皇亲国戚们挖空心思设计的菜谱。家家户户，年年岁岁，做出来的泡菜都有些不一样的味道，吃下去并非只是口腹之欲，更像是浓缩了好大的一份风土人情。漂泊在外的游子一定有这个感受——任凭再怎样高超的手艺，都还原不出父老乡亲手下那一坛腌白菜的味道。其中的酸甜咸辣，纵使了然于心，也难以描摹，之于旁人，就更加无法领会。

萝卜

　　萝卜们看上去都笨笨的，过于接地气，所以并不很讨我这种"小朋友"的喜欢。土豆红薯之流，虽然也笨，但总归有着强大的充饥能力，吃着让人觉得温暖可靠。可萝卜不行。本就是个温吞甘淡的东西，倘若放得久了，它还会把自己的内心消化掉，像是一个本来厚道老实的人，因为被冷淡太久，懒散中渐渐透出一股腹内空空的二流子味道。以我的性格，当然不会喜欢这样温吞寡淡的老实人：一炒就熟，一煮就烂，毫无悬念，哪怕生吃时带着的一点辛辣味，也不像是性格里的刺激性，而是因为淳朴天真散发出来的泥气。只有大力揉搓，狠狠腌渍，变得鲜香脆辣，留一点点老实人的甘淡作为垫底，我才会喜欢，内心里默默赞许它坚持到底的好脾气。但那已经是很多年前的感受了。

　　印象里关于萝卜就没什么好词。譬如花心萝卜、空心萝卜，都是嫌弃萝卜没有作为萝卜的本分，属于有问题的个体。可就算没有问题，以萝卜形容人，也不像什么褒义词，譬如"南京大萝卜"——据说本是指当地特产的一种"板桥萝卜"，红皮白肉，坚

实硕大，质粉而味甜。明明是很好的货色，流传出去，却变成对南京本地人的专属称呼……虽然带着一股只可意会不可言传的傻气，但在我耳目所及的范围内，南京人对此好像并无十分的抵触情绪，反而身体力行地赋予其更乐观的诠释：温和，实在，简单知足。还有"大根"，这是日本人对白萝卜的叫法；女生的腿倘若形状不佳，便是"大根腿"——既不细也不笔直，那么纵使洁白光滑，好像也没什么美感了。

只有当萝卜长得看上去不那么像萝卜的时候，傻气才收敛不少。如小粒的樱桃萝卜，小小圆圆，鲜艳的洋红色外皮，由内而外透露着伶俐气息，只有樱桃可相媲美。又如胡萝卜，也是因为不正经才显得更有性格些——它是伞形科的植物，萝卜则是十字花科；除了这个名字，两者之间根本没有丝毫关联。李时珍也早早声明过这一点："元时始自胡地来，气味微似萝卜，故名。"只有我一个人觉得它的味道也不像萝卜么？橙红色外表下的心性，可要浓烈特异得多。喜欢的人喜欢得不得了，讨厌的人觉得怎么做都不会好吃。这可不像什么都浑然不在乎的"大好人"萝卜，也正因此，我才不觉得胡萝卜傻。

萝卜与胡萝卜的分别，看叶与花即一清二楚。萝卜的叶近似油菜或生菜，花也与油菜花仿佛，是典型的十字花科代表。胡萝卜则是细碎白花，攒簇如伞，也是很典型的伞形科特点。买回来的萝卜，把叶子连同顶部一小截削去，养在水里，放在有阳光的地方，天气回暖后往往就会发芽开花。那颜色粉嫩，比起本尊的木讷敦厚来，真是截然不同的轻盈浪漫。胡萝卜可以么？我没有试过。买到家里来，都是没有叶子的。

古书里说，对于不同时节的萝卜，原是有不同叫法的：春天的叫破地锥，夏天的叫夏生，秋天的叫莱菔，冬天的叫土酥——以其洁白丰润如酥。不得不承认，萝卜也是最适合冬天的味道之一，都不用挖空心思去烹饪，只削了皮，切成块，沸水里一烫，捞出来蘸着辣酱或生

胡萝卜
从它的叶子和花就能
看出来它和萝卜的大不相同。
萝卜是十字花科，
胡萝卜是伞形科。

野胡萝卜的花，
英文名叫 "Queen Anne's lace"。
真的很像蕾丝啊……

白萝卜
日本人叫它 "大根"。

一起来做腌萝卜吧！

Tips:
① 白萝卜水分比较多，腌其他
   萝卜也可以用这个方法。
② 如果阳光条件不好，或者想尽快吃，
   可以切成条后以浓盐水泡之，
   （大约一个晚上的时间吧）
   然后就可以挤干水分就可以直接
   拌料上桌了，是比较快捷的方法。
   不过口感和晒过的萝卜条肯定有点不同啦。

1. 白萝卜洗净，
   切成条状。

2. 均匀地铺在竹篮或干净的纸上，
   放在阳光充足的地方暴晒晾干。
   干燥的北方晒三天就够了，
   南方的时间要长一些吧。
   晾到手摸上去感觉干了的就可以了。

3. 加入各色调料，
   比如盐、糖、醋、剁椒、蒜蓉，
   （可根据口味自行调整）
   充分搅拌揉搓，
   使萝卜条入味。

4. 拌好就可以直接吃啦！
   可是腌渍的时间越久
   越入味哦！

抽，味道已足够好。漫长寒冷的冬夜，也只需一锅炖得热气腾腾、香气盈盈的萝卜汤，就
足够获得满足感了——仍是如一个温厚老实人，陪着你度过这白茫茫的百无聊赖的日子。
开春之后，就不要再指望它们啦——春心荡漾的萝卜君，到那时就应该被种在水里，搭在
窗口阳光底下，欣欣向荣地期盼着它们自以为是的花心春光了。

小雪

初候虹藏不见

二候天气上升

地气下降

三候闭塞而成冬

天地愈发寒冷

华北始有降雪

农事已尽

民间开始准备越冬食材

204

小雪，十月中。雨下而为寒气所薄，故凝而为雪，小者未盛之辞。

○ 小雪后书事
唐·陆龟蒙

时候频过小雪天，江南寒色未曾偏。枫汀尚忆逢人别，
麦陇唯应欠雉眠。更拟结茅临水次，偶因行药到村前。
邻翁意绪相安慰，多说明年是稔年。

山中玉延

《南歌子》宋·张磁

种玉能延命，居山易学仙。
青青一亩自锄烟。
雾孕云蒸，肌骨更凝坚。

"玉延"这名字真美。清爽而有韵，若配个"公孙""上官"之类的姓氏，简直可以立刻投胎到古风小说里做主角。然而如果告诉你，玉延其实是山药的别名……气氛好像一下子就变了。再深入一点，会知道山药也不是本名，"薯蓣"才是。这下不仅文艺青年们感觉受到了欺骗，恐怕淳朴的农家大叔大婶们也会这么觉得。年复一年，此物都以"山药"之名活跃在祖国各地的餐馆和菜场，大家约定俗成，再权威的名录也奈何不得。所谓"薯蓣"，那是何方神圣？不清不楚，还是装作不知道，就叫山药比较好。

说起来山药的命名史颇有点尴尬……最早的名字确实就叫"薯蓣"，众口一词，并没有什么争议。但后来出了个唐代宗，名叫李豫，为避天子名讳，"薯蓣"遂被改为"薯药"。这还不算完，三百年后，又出了一位宋英宗名叫赵曙，于是"薯药"这名字也叫不下去了，改为"山药"……什么，你问番薯和马铃薯？不好意思，它二位此时还在跋山涉水来"觐见"的路上。明朝之前，中原的人们并不知道它们的存在。所以先后逢上两位皇帝的名讳，这等悲催命运也只有山药遇到了。

听了这样的来龙去脉之后，再看到山药，总有种特别心疼的感觉。那"玉延"又是怎么来的呢？听上去很像是个喜好风雅的人取的。好的山药，确实肌理细白如玉，形容绵长，切开后还会流出浓稠的"涎"。曾有古人写过"谁种山中玉，修圆故

自匀"，如此的好模样，应是山药中的上品了吧。

咏山药的诗词并不少。文人们的情怀真是令人钦佩，至少我在市场上见到一截截臂膀粗细的山药，尘灰泥泞、粗糙多须，至多只能感受到来自大地的丰足与沉实，并不太能与阳春白雪、诗情画意联系在一起。即使削皮露出洁白的身段，也仍然费事——渗出的汁液黏滑，弄到皮肤上会瘙痒好一阵子。而若因此手忙脚乱，放着削好的山药不管，它又会氧化变色，原本白白净净的底子上染上肮脏的灰黑与棕黄。能及时入锅烹煮已是造化，还谈何附庸风雅？难怪从前总是号称"君子远庖厨"——厨房里油烟与碗筷齐飞，血水共泡沫一色，立定心思要独善其身的高贵人们，宁愿保持距离，只动筷子与嘴。到了这一步，山药所呈现的状态也终于可人起来：玉片晶莹，甘美和顺，无论清炒炖汤还是做粥饭甜点，吃着都如有神奇魔力，叫人全身上下无一毛孔不熨帖舒服。

山药也确实养人。它富含淀粉，稠密细腻，纵不论药用价值，作为充饥和主食也是上佳之选。至于入药，更是大有可为：叫人双手痒痒，心内也恨得痒痒的黏液，是因为含有特殊的生物碱（薯蓣皂苷）。此物堪称神通广大，从千年前一直被研究至今，在脱敏、消炎、抗肿瘤等方面的表现一直不负众望。你知道，古书里对中药材性状的记录总显得夸张：动不动就"强身健体"，动不动就"延年益寿"——但山药身上，却是货真价实的。公认的是它具备增强免疫力之用，即古人所谓"补虚羸，益气力"，只这一点，它已然称得上人生赢家。

至于痒，也有很多解决办法：戴个手套，或洗净煮熟后再削皮，便不会与新鲜的皂苷直接接触。若非要挑战裸手生切，那就在手上涂点白醋吧；或者完事之后，到火上烤一烤。皂苷不耐热不耐酸，这样一来，应也会舒服不少。

铁棍山药。
更粉糯～

把去皮蒸熟的山药捣成泥，
可以做很多好吃的东西！

（如果对山药汁液过敏，可以先蒸熟再剥皮哦～）

加蓝莓酱：蓝莓山药～

裹蛋液炸：酥炸山药～

加红豆：

红豆山药泥～

加薏米打成糊：

山药薏仁糊～

加枣泥后成块：

枣泥山药糕～

（《红楼梦》里秦可卿吃过的那个～）

山药不但块茎的品种很多，
叶子的形状也有很多变化！
从三角形、卵形到戟形都有～

　　直到如今，山药之名依旧是混乱的。民间仍存在"淮山药"或"怀山药"的叫法，以为品种不同，各有优劣高下。"淮"原为地域之称，指河南安徽一带，古时以这一地区出产的山药品质最好，入药最佳；类似的还有川贝——四川的贝母，也是合并了地名之后改为药材之称，或许质量稍有优劣高下，但品种上当真没有明确区分。何况现代栽培手段、交通运输都何等发达，平易近人如山药，更不会拘泥于某一方与世隔绝的水土。至于有些地方有些人叫顺了口，"山药""薯蓣""怀山"互不相让的，听一听便好，若要像当初的皇帝陛下一样跟着字眼较真，也太辜负这大好玉体，乃至背后的诸般美味了。

番薯的花～
是不是和牵牛花很像；
因为都是旋花科番薯族的哦！
本书还介绍了另一种和它们很像
的家常蔬菜，
还记得是谁吗？^^

番
薯

我从小一直觉得四季都是有气味的。春是暖润的花香与嫩芽萌发的清新；夏是蒸郁的葳蕤草木和苔藓蕴纳的凉意；秋是清亮锋利的风，一道道刮过干燥土壤和黄落的叶；冬呢，就是天地间白茫茫，空旷又疏离。但有一样东西可以让冬天的味道不那么凛冽，就是烤番薯。

番薯是《中国植物志》上的官方名称。我知道，在你那里，它也许会被叫做"红薯""白薯""甘薯""山芋""地瓜""红苕"……不胜枚举。然而且不说这些，却有谁的冬天不曾被烤番薯引诱过？风那样冷，天那样黑，往往只是五点钟光景，整个天色已沉凝如墨。路灯下的校门口或地铁口，烤番薯的香甜味道总能第一时间飘到身边，很是亲昵，又自来熟，叫戒备森严、夹紧了脖子走过的路人们都忍不住缓和下来，顾盼一回，踟蹰两步。然而这厢望眼欲穿，却往往一眼望不见它的所在，大有"神龙见尾不见首"的腔调，又叫人想起《红楼梦》里，王熙凤初登场时的风范。有人控制不住欲望，定要匆匆寻来，买了一个捧在手心里；也有人如我，有心无胆，只是把那暖暖甜甜的香气用力多吸两口，就已足够撑到回家，点一盏明灯，煮一道热菜了。偶尔买一个来吃，更是倍加珍惜——且看它原本紧实细薄的一层皮在烘烤过后鼓胀起来，质地也变得硬脆，敲开这朴素到几近磕碜的外表，里面便是金灿灿黄澄澄，十足丰润甜美的所在，浓密纯厚，入口即化，在漫天裹地的寒冷萧瑟中，真好像是捧了一团软黄金一般。有趣的是这黄金却又很廉价：三五个硬币，也就搞定了，带来的温存喜悦，却实在是很难再找到什么与之相媲美的。

顺便说一句，我小时候还真没什么机会吃烤番薯。人生中第一只来自路边小摊的烤番薯，还是大学之后别人买给我。但这一点不妨碍我对它的好感。有时想想，会觉得挺可怕——冬天如果没有烤番薯，不，如果说世界上就从来没有存在过烤番薯这个东西，大家的生活会不会非常不一样？至少我回想我自己人生最初的那十几个冬天，没有在路边围着一团热气挑选烤番薯的经历，就总觉得好像要比别人苍白寡淡了那么一点点。

没有烤番薯的现代生活是什么样我不知道，但番薯还没引入中国时，大家的生活是什么样，我还是略知一二的。别看现在全国各地都广泛种植，一副与十里八乡的父老乡亲都很熟络的模样，其实它的老家远在南美，莅临中华的过程更是众说纷纭了好些年——有的说是由缅甸传入云南；有的说是越南传入广东；有的说是菲律宾传入福建；有的说是由日本传入浙江……真叫人头疼！至于大环境，可以肯定的是这一事件发生于明朝后期（十六世纪末），

紫薯

紫色的，个头会更小一点。

金薯

很甜很丰腴，最适合做烤番薯～

粉薯

吃起来粉之的，适合充饥。

全世界都很流行"漂洋过海来看你"的大航海时代。番薯被发现新大陆的欧洲人带到了东南亚一带的殖民地，然后无论是通过"私相授受"——也就是走私——还是通过官方途径，总之，就此在对新物种充满包容力的东方大陆，扎下根来。至于在明朝之前，古人们所谓的"甘薯"，其实是另一植物——薯蓣科的参薯，跟番薯根本没关系。所以下一次在古装剧里再看到不分青红皂白的"烤山芋""烤红薯"时，大可以正儿八经地嘲笑几声了。

番薯们适应中国的速度不要太快！伴随着明末的战乱和天灾，还有清朝闭关锁国后的民间物资匮乏，饥馑的脚步到哪里，它便迅速跟上。和玉米、土豆一样，这些原本来自番邦、最初并不太被看好的作物，在人口一再增加的年代竟成了重要的粮食来源，甚至到后来的一些山区，它们的地位愈发举足轻重，甚至超越水稻小麦等传统亚洲作物。烹饪方法更是五花八门——制薯粉、薯干，炸薯片、薯丸，拔丝、烘烤、煮粥、酿酒、煲糖水……除却本尊之外，地上的番薯藤也被开发出来，作为鲜嫩的绿叶菜蔬；再老一点，人嚼不动了，还可以做优秀的饲料。在今天的寻常菜市和餐馆里，听着来自不同地域的人们亲昵地唤起番薯在各种方言里的名称，我们怕是不太能想象当初为了引种和推广它们，古人们做出过多少努力——或许也是可以的，成书于乾隆年间的《金薯传习录》对此就有详尽记载。其作者陈世元，几乎用了毕生精力在番薯事业的推广上。而他的家谱，往前追溯五代，还有一个叫陈振龙的人——这名生活在明朝末年的闽南海商，正是把番薯从南洋地区引入的重要先驱者之一。

一家人传递了数百年的番薯情结，想想真是令人叹服。好在番薯也并没有辜负他们。当烤番薯构成一道皆大欢喜的冬日味道，不分地域时间，不计贫富贵贱，任谁都必须承认当年的引种者们完成了怎样了不得的壮举。让后人们理所当然地享用着这福祉，仿佛是与生俱来的一般。如番薯和番薯背后的这许多心血周折，当时只道是寻常，却在萧索落寞的间隙里，温暖过无数人的口与鼻，胃与心——所能想到最伟大的那些，也莫过如此了。

升级版的奶酪焗红薯!

1. 番薯洗净, 对半切开。

2. 入蒸锅, 大火蒸熟。根据番薯大小时间不同但只要熟.3即可。

3. 把已经烂熟的番薯肉挖出来, 注意不要把表皮弄破了~

4. 黄油切小块, 打生鸡蛋, 与番薯肉一起搅拌成糊。填回空的番薯壳内。

5. 奶酪切条或丝状, 均匀地铺在"填满"的番薯表面。

6. 烤箱预热, 180~90℃, 烤盘垫锡纸, 放入番薯。烤心分钟左右, 表面奶酪融化基子就好啦!

Tips:
①. 烤番薯一般用黄心的, 比较香甜~ 如果喜甜请加白糖, 喜于浓粉糯口感的可用白心番薯。

②. 奶酪是指马苏里拉或帕玛森奶酪。

③. 蒸煮、烘烤时间视番薯大小而定。

④. 番薯富含淀粉, 却比较缺乏蛋白质和脂肪。搭配黄油/鸡蛋/奶酪, 刚々好!

大雪

初候鹖旦不鸣
二候虎始交
三候荔挺出
江南入冬
四野苍茫
甘露子有鲜味
雪里红腌制经岁

214

大雪,十一月节。大者,盛也。至此而雪盛矣。

○问刘十九
唐·白居易

绿蚁新醅酒,红泥小火炉。
晚来天欲雪,能饮一杯无?

挂着晾干的雪里蕻。

雪里红

我仿佛很久没有再吃到雪里蕻。

当然，我对这种菜，本也算不上有多熟悉。未曾见过它在田间生长，甚至未曾见过它在集市上贩售的模样。这南方的冬天再冷，餐桌上一样有翠色流转，从菠菜到青菜，从茼蒿到水芹，雪里蕻实在算不上是以姿色取胜的翘楚。它那被记载在古书里的独家特色，"雪深，诸菜冻损，此菜独青"，以及北方人说的最后叶子会逐渐转为紫红鲜丽的模样，在此总是缺乏显露的机会，一来二去，连原本名字里的"红"也被偷梁换柱，变成了更为生僻的"蕻"。蕻，茂盛之意。这在北地有十分颜色的好家伙，终究只留下个"茂盛"的虚名。怎么看，都好像是有点辜负了。

但好在雪里蕻并不是这么容易甘心的角色。反正大家爱它，并没有多少真的因为它独占雪中春色，而是受益于那与众不同的味道。收来的新鲜雪里蕻一株株，经过晾晒、揉洗、腌渍、浸卤诸般工序，所得的成品干瘪深暗，早已失去了最初的形色。做菜下饭，也必定切得细碎，落到我们这些只会动嘴的城里人口中，自然是说不出它的本来身份了。更何况，地域有别，制法不一，

榨菜（也是芥菜的一种）

茎用芥菜

芥菜

古人说它"气味辛辣，有介然者之义"，故名。
这个"介然"应是专一、坚定执着的意思。

根用芥菜（大头菜）

抱子芥
（儿菜）

很喜欢！
但吃不到
······

你吃到的雪里蕻，可能已被叫"雪菜""咸菜""酸菜"，甚至"梅干菜"……这样的大名似乎更乐于为众人接受，至于背后那些秘密与精华，只留给辛苦劳作的匠人们，以及雪里蕻自己所持有。所以才说，已经很多年没有吃到过正经的雪里蕻了——无论雪菜咸菜酸菜梅干菜，可用于制作的原材料并非只有雪里蕻一种；纵使在餐馆里，酒桌上时常碰面，心里仍然一点存疑，无必要也无办法深究。只有眼睁睁看着身边人收了青翠如羽的叶子回来，细细晾好，又在大脸盆里揉搓，伴随着各种好奇和期待一同封进瓮缸，再出现时，便是在最简朴寻常的小碟子里，就着一点点的鲜美喝下一大碗冒着白气的热粥……那样的见闻，仿佛已经过去很久了。

雪里蕻也并不孤单。植物学上来说，它属芥菜的栽培变种之一，什么榨菜、黄芥末（请注意绿色的芥末可不是芥菜所得，而是山葵，与芥菜家族并无关系）、大头菜，原身皆为它的近亲，长年累月，大家轮番活跃在世人的唇舌之间。有人不喜欢它们，大概因为芥菜的原始味道苦而辛，但重重加工之后，却酝酿出各种浓厚鲜美，带一点刺激性的辣——在嘴巴枯燥一如冬日荒原的时候，只要一点点即可充分激发百无聊赖的味蕾。我因此觉得，如果每种蔬菜也都有独立人格的话，芥菜们一定都是受虐狂：且不论它们对严寒的忍耐力，便是收割回来，也不如其他食材那般，需以优渥轻松为之侍奉，而是一定要反复锤炼、揉捏、拼了命地怄它，方才从一脸苦相变成有滋有味的兴高采烈。至于吃着的人怎么想，那就不确定了。咸菜梅干菜之流，纵也有很精致的一面，但意象里多少总带着点穷酸气，很容易被与"没有东西可吃"的惨淡日子联系在一起。若是长久以此为食，对于当事人的心，也是如腌菜一般的饱经磨炼吧。

218

芥菜中唯一天生自带鲜活气质、无需苦练的，是抱子芥。我知道民间一般叫它"儿菜"或是"娃娃菜"，但与大白菜衍生而来的娃娃菜又很不一样……它的肉质茎膨大，叶腋处长出一个一个小卷心菜般的芽块，确有如全身上下背着许多孩童一般。把菜娃娃们割下来，逐一削皮切片（有的甚至不用削皮），沸水一烫即可，青翠清香脆嫩，蘸酱油辣油都很好。只可惜分布的区域太过有限，我跑遍许多菜市，也只在上海和浙江见过（据说四川也有）。是因为抱了太多"孩子"所以走不了很远吗？很久没有吃，还真是想念呢。

新鲜的雪里蕻要用粗盐腌渍，
卷起来放进坛子里密封。

甘露子

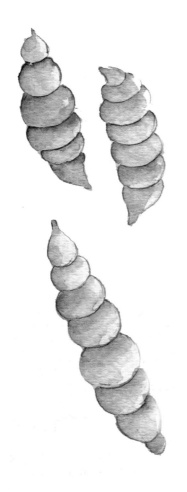

翻阅古籍，偶尔看到"甘露子"三字。在此之前，几乎忘记它在我生命中存在过。

甘露子曾是我的心头好。小时候的一年四季，早饭必有白粥，搭配白粥的菜点也有相应规律：春是各色新鲜翠色，如荠菜、莴笋、苜蓿头。夏是凉拌的苦瓜、西瓜皮、马齿苋。秋是腌渍的小黄瓜、切丝酱炒的扁豆。冬呢，则一定会有藠头、雪里蕻和甘露子——然而，彼时，我并不知道它有这么个名字。大家普遍称之为"宝塔菜"，即使如今，更多也还是这么叫。

无论宝塔菜还是甘露子。对小孩子来说，外形比名字更印象深刻：肥胖的身体一圈圈成环，浸泡在深色的酱汁中浮沉悠游。最佳类比，当是某些幼虫的尸体标本。但这样的偏见与恐惧很快会消逝——只要捡出来，用精致小碟子盛了，即能闻到清香，吃到嘴里，更觉脆嫩鲜美。想叫人不喜欢都很难，从此每一碗冬日白粥几乎都无此君不欢。然而少小离家远走，辗转各地之后，我寻过野外的马兰头，效法过旧时的酱黄瓜，却唯独怎么也想不起还有一味甘露子。还有多少是曾经钟爱过，却从此彻底失忆，被抹杀干净的呢？这样的遗忘背后，细思之实在落寞。

先不管这些了。让我们来正经讨论一下甘露子。不知是否我的错觉，"甘露子"之名总叫我想起"金蝉子"，很像是某位年轻僧人的法号。但它的滋味确也清脆鲜活，一连串的形状如水滴，如贯珠，担当此名，倒很合适。除宝塔菜外，我知道它还有一个别名叫地蚕，白胖如虫，恰印证我的第一印象。另有地环菜、螺蛳菜等，凡此种种，俱是因为能长成这样的植物实在不多……我们食用的部位，乃是其植株的块状根茎，于地下横走，只待秋日生长肥熟之后由农人们掘起，从此成就四面八方都公认的美味名声——根据植物志里的说法，这一块茎通身上下无纤维，所以口感最嫩，简直是天生为了被"吃"才存在的。生在饮食大国的前辈们怎可能放过这样的尤物？是以有《全芳备祖》等一干古籍为证，最晚宋朝，甘露子已成为江浙一带十分流行的蔬菜；明清往后，更是遍及大江南北，推至全国。这样的历程，同样也是它美味的证明：身为并不能充饥，也没有太多药用功能的小菜，若没有一点大众都很青睐的好味道，怎可能如此一路所向披靡呢？

甘露子的做法，一般认为是腌渍。在网上随手翻了一些菜谱介绍，也鲜少见到除此之外的更多做法。不过话说回来，但凡蔬菜，有那么一两样看家本领便已经足够，何必要求谁都能像白菜土豆一般，变出各种花样来。甘露子的存在，乃是"一招鲜，吃遍天"的最佳证明，更何况腌菜多半皱缩萎靡，如它这般清脆鲜活者，也真是少数。好啦，无论如何，虽然曾经在我的生命中沉寂良久，再想起来的时候，倒还是很希望小小一枚甘露子能将它的能量长久传承下去呢。

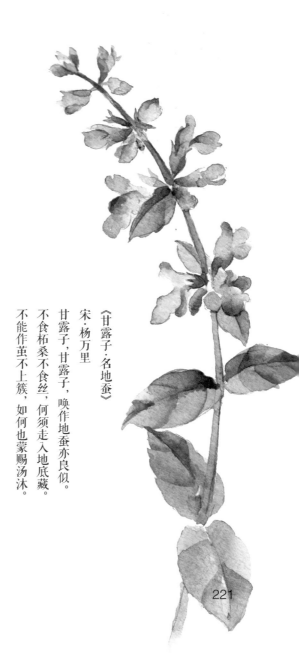

《甘露子·名地蚕》
宋·杨万里
甘露子，甘露子，唤作地蚕亦良似。
不食柘桑不食丝，何须走入地底藏。
不能作茧不上簇，如何也蒙赐汤沐。

221

冬至

初候蚯蚓结

二候麋角解

三候水泉动

昼极短而夜极长

数九寒冬降临

菠菜澄碧

荸荠甘冽

慈姑粉糯

222

冬至，十一月中。终藏之气至此而极也。

○ 小至
唐·杜甫

天时人事日相催，冬至阳生春又来。
刺绣五纹添弱线，吹葭六琯动浮灰。
岸容待腊将舒柳，山意冲寒欲放梅。
云物不殊乡国异，教儿且覆掌中杯。

红嘴绿鹦哥

用"红嘴绿鹦哥"来比喻菠菜，真是很形象。这名字的来历说法不一，但都跟爱跑出去微服私访的皇帝有关：皇帝游历于民间，偶尔在寻常人家吃到菠菜与油豆腐做的汤，觉得味道真是不同凡响，便叫来做菜的人询问菜名。那做菜的人也是有几分聪明的，便答曰："金镶白玉板，红嘴绿鹦哥。""金镶白玉"，是油炸后的豆腐，"红嘴绿鹦哥"，即是菠菜了。于是皇帝龙心大悦，御赐的美名迅速流传开来。哪怕后来并不是这么个做法，吃到嘴里的并不是这么一道佳肴，大家也很乐意用"红嘴绿鹦哥"来形容菠菜：肥美的碧绿欲滴的叶子，搭配肉嘟嘟的、嚼起来带着一点甘甜味的嫣红根段，它的形象遂定格于此。不得不承认，一个恰如其分的好菜名确实会挑动我们的食欲，比起"赤根菜"这样相当有乡土气的别名，当然还是娇俏的鹦哥儿，会比较讨那些高高在上的金主们喜欢。

好听归好听，还是有人要说菠菜烧豆腐的不好。豆腐里含钙，菠菜里却有很多的草酸，两者结合为草酸钙，被认为不利于人体消化。但只要不是结石患者，不至于天天吃，倒也无妨。

这一点对许多菜肴都适用。为了好吃和好看，有时的确需要牺牲一点别的什么。关于"菠菜豆腐"这一案例，

酸模
也就是野菠菜。
嫩茎叶拿来凉拌，
味道有点酸。

《七言散联·春菜》

宋·苏轼

北方苦寒今未已,雪底菠棱(菠菜)如铁甲。

岂知吾蜀富冬蔬,霜叶露芽寒更苗。

其实也并没有健康卫道者们说的那么夸张——草酸易溶于水，但凡不放心，洗干净的菠菜扔到水里烫一遍再下锅便是，吃来不涩嘴，自然也没有不易消化的隐忧。如此说来，火锅里面涮菠菜还真是不错的选择，重要的是味道足够好——一如《随园食单》里描述的"虽素而浓"，吸收了汤料那滚烫的浓烈鲜厚，却又保留了绿叶蔬菜的清新，真是叫人喜欢得紧。冬日严寒里天地枯燥，烫一把菠菜，绿莹莹的滑嫩水亮，点缀丝丝嫣红，怎么看都是让人很有食欲的。

菠菜来自西域。记得似乎是因为原产波斯，尼泊尔人将之带入中土时，就说是叫"菠薐"。然而中国也有自己的"菠菜"，就是《诗经》里的"彼汾沮洳，言采其莫"——"莫"，即酸模，别名也叫野菠菜或者山菠菜。它的形象的确与菠菜很接近，但却并无红嘴绿鹦哥的娇俏柔润，而是另一种"野"的憨厚粗犷。不是么？哪怕在今日，我们随便到田间野地里看一看，都可以很容易地注意到那些遍地的酸模，夹杂在一干杂草之间随兴地生长着。又或许它本身也算是闲杂草木的一种，吃到嘴里的爽滑微酸，像是逐渐式微的乡土味道，自得其乐，无人问津。说起来，西方人倒是长久用它来煮汤或是拌沙拉，不知在异国他乡处，会不会也有尊贵的人儿曾为它的味道，小小地感动过呢？

荸荠慈姑

按植物志里的记载，茨菰的正式名应是"慈姑"。根据李时珍的解释，这是因为"一根岁生十二子，如慈姑之乳诸子，故以名之"。也是奇怪，古往今来，专业的书里都写作慈姑，却不知"茨菰"二字又是哪里流窜出来的。

慈姑的味道似乎并非人人都能理解。球茎粉白浑圆，味道略带清苦，颇有点像是含辛茹苦的妇人心思。若只素烧，那真是难以下咽，仿佛对你哀哀泣诉的祥林嫂，那些事儿哽咽成一团浓稠淀粉，塞在喉咙里，很需要一点力气才能消化。所以烧菜的人除非技艺超群，一般不敢轻易僭越。大家都乖乖把慈姑与肉一起烧。有了油水滋润，它的面貌就不一样起来：仿佛终于过上好日子，由里到外都浸透着富足的香气。跟在油头粉面的肉块之后，把一切都收拾得细密妥当。冬日里的菜大多都没什么性格，慈姑，应算是很有特色的一味了。

能见到慈姑花也是好的。小小圆圆的，洁白细腻，好像一串珍珠点缀在它簇立的箭形绿叶间，花蕊是极其新鲜的嫩绿或者鹅黄。山野溪涧，秀色浑然天成，可惜知道的人却不多。不知恨恨地把老妇人骂做死鱼眼睛的贾宝玉，看到慈姑的花，会不会生出多一点的感慨来。

慈姑的花。
是不是很好看很清纯？

226

江苏有"水八仙"的说法，指八种水生食材，即莲藕、莼菜、茭白、水芹、菱角、芡实、慈姑、荸荠。这里面只有荸荠与慈姑是冬天上市，若圆鼓鼓裹着新鲜冰凉的泥，堆在一起叫卖，不熟悉的人确也容易混淆。事实上两者区别大得很，慈姑灰白、浑圆、微苦，荸荠却表皮紫黑，略有些扁，吃来是清甜的。它因此有个"土中雪梨，江南人参"的美称。此外又有别名曰"地栗"，英文名则叫 Water　Chestnut——"水里的栗子"。老外不知所以，把菱角的英文名也翻译成这个，于是更加混乱。

新鲜的荸荠清脆鲜甜，味道比慈姑叫人好接受得多。但因为生于水中，也被诟病生食会有寄生虫之虞，必定要煮熟吃才可以。古时候是有些别致的菜谱，如将荸荠削皮切片，与火腿、鸭舌同煨，或擦丝加油盐爆炒。我都没有试过，不知实际味道如何？华南小吃里也流行马蹄糕，亦是借一个荸荠的影子，煮熟捣烂，勾兑浆汁，和糖做成透明的糕点——哦对，马蹄也是荸荠的别名之一。

据说冬至到小寒的这一段日子，天气最冷，却也是荸荠最甜的时候。如果卫生条件允许，还是觉得生鲜荸荠吃来更愉悦。围炉取暖，难免口干舌燥，有一盘清甜深入肺腑的荸荠真是再好不过。也不需多，就那么六七粒，装在有点旧旧的搪瓷盘子里，随便往哪里一放，不用吃，只看着就已秀色可餐。

小寒

水芹楚楚而生

制腊八蒜

囤粮居　适逢腊八

天寒地冻

三候雉始雊

二候鹊始巢

初候雁北乡

小寒，十二月节。月初寒尚小，故云，月半则大矣。

苦寒吟
唐·孟郊

天寒色青苍，北风叫枯桑。厚冰无裂纹，短日有冷光。
敲石不得火，壮阴正夺阳。调苦竟何言，冻吟成此章。

蒜

蒜真是一种很神奇的植物：一生都可以被用来吃，但一生的味道和形态，又都很有些不一样。这一点和荷花倒是很像。茎段和叶子就不必说了，地下的鳞茎，称蒜头；抽出的花茎，称蒜薹；把它种到地窖里，又变成了和韭黄或者黄芽白一样的蒜黄。在佛家和道家的定义里，它也是不可触碰的荤菜——太辛辣了，吃完还叫人满嘴臭气。虽然这个戒律的来源也不那么名正言顺，但这样的性格确实不像是一个皈依了的子弟应该有的。又或许它叫我们想起那些充满刺激的人和事吧：吃起来余香满口，吃完口气却变成叫人皱眉的样子。这像是某种诱惑？总之六根清净者的世界观，确实不该是这样的。

《二如亭群芳谱（节选）》
明·王象晋
蒜，一名荤菜。叶如兰，茎如葱，
根如水仙，味辛。
处处有之，而北土以为常食。

230

蒜头
南方的同学
想必不会陌生。
和蒜瓣很像，
可是更小和脆嫩，
更适合腌渍食用。
（酸？甜？的^^）

小蒜头是南京人春天常吃
的野菜。
看起来会有点像葱，
但拔起来就能看出它是蒜:)

　　这么说来，百合科葱属的许多成员，譬如韭，譬如葱，譬如薤，应该都
要被佛家列在禁食名单上。事实也确实如此，如果植物分类学能早一点诞生，
相关的经书上写的应该就是：禁食葱属的一切食物。然而在民间，却又有那
么多人和那么多菜无此君不欢：像是北方人卷饼里粗壮直接的大葱和大蒜，
或者南方人家的餐桌上，那些洁白细碎的蒜蓉与嫩绿水灵的葱花。对，无论
把它们往什么上面一洒，从声色沸腾的鱼头到清淡简约的清炒蔬菜，好像都
是种分外的点缀，让人一下子味觉和心思都变得灵巧丰富起来。还有野菜界
赫赫有名的小蒜——俗谓的"小根蒜""小蒜头"，地上部分细细的好像水
葱，地下部分却是正经的蒜的模样，虽然看起来单薄幼弱，但味道的浓烈却
一点不输给大蒜，用来下在米粉面条里，最好不过。

"腊八蒜"做法！

3. 装入干净的密封容器里，
   倒入米醋浸没蒜瓣。

1. 选饱满的紫皮大蒜剥成
   小瓣。

2. 把蒜皮和薄膜全部剥干净。

4. 把罐子封好静置，
   蒜瓣会慢之变绿，
   大约半个月左右就可以吃了！

Tips：

① 剥好的蒜瓣末端根部可以
   剪去一小截，这样醋会更充分
   迅速地被吸收。

② 如果用透明的玻璃容器，
   可以更方便随时观察蒜的变化，
   等到全部变绿就算完成了。

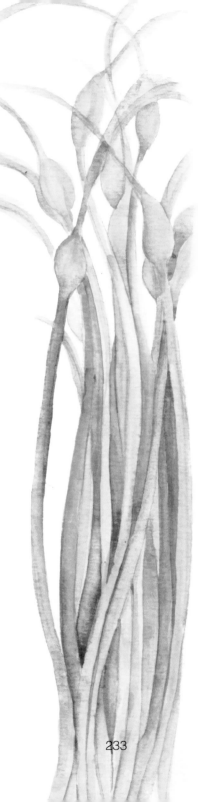

蒜苗是大蒜的花茎，
顶端那一小撮就是
还没长成的花苞。

前面提到的"薤"，听上去好像很生疏的样子——如果说"藠头"，应该就有不少南方的同学会有印象了。就像北方人的腊八蒜一样，腌渍藠头也是南方冬天里颇具代表性的一道菜：香辣的，酸甜的（一定要带着甜味才好呢），晶莹剔透清脆鲜嫩，都是大蒜头不能及的好处。一大早下着白米粥吃过，呵一口气，好像也没有大蒜那叫人敬而远之的气味。噢，是因为我自己喜欢，所以不小心忽略了它的坏处么？但比起血气方刚的大蒜，藠头的玲珑与娇滴滴，真是能咀嚼出不一样的好味道啊，关于童年闲适时光的味道。

不知道"装蒜"这个词是怎么出来的。查了很多资料，莫衷一是，说出来的东西又总有点缺乏说服力，让人觉得很是奇怪。有人说是因为水仙不开花，就像一只大蒜头了，可是天下的植物那么多，何以只有蒜和水仙成为众矢之的呢？无论装腔作势还是装聋作哑，也总觉得不那么形象。大概众人对于蒜的感情还是很复杂吧。

233

水中芹

　　水芹总叫我觉得可惜。是那种"今非昔比""枉担虚名"的可惜。曾几何时，它堪称蔬菜界的元老，无论口味、形象、内涵，俱有着很高的人气。至于旱芹，彼时只是个从地中海地区远道而来的后生，木讷讷，直愣愣，若不是借着一个"芹"的美名，只怕连脚跟也不太容易站稳……两者实力太过悬殊，一生好像已注定，如是这般继续下去。却不知是从何时起，这关系反而颠倒了过来——旱芹成功上位成为市场主流，水芹则退居二线。"芹菜"这个名字，渐渐也不再属于水芹，而是移交给了后来居上的旱芹。

　　旱芹和水芹的关系本不算亲近。一为芹属，一为水芹属，至多只算姑表姊妹，都以"芹菜"二字相提并论，其实并不妥。然而水芹的上市时间短，产量和分布似也不如旱芹那样广泛，渐渐被忽略和归并，倒也不得不服气。只是如今芹菜的口碑每况愈下，水芹好像多少也受到些连累：不但在"群众最讨厌的蔬菜"这样的评选中每每上榜，甚至还有很多的科研成果和花边新闻，纷纷指责它们有戕害男性生殖力之嫌，于是更加叫人避之不及。曾经的各种善行、美誉、知音……尽数消磨殆尽，我若是水芹，想到这里，估计会哭吧。

真的。今人也许无法想象水芹曾在祖先们心头刻下过怎样的好。甚至连"芹"这个字，也是专门为水芹所打造——《吕氏春秋》里说"菜之美者，云梦之芹"，云梦即江汉平原上汇聚的湖泊泽群，对应到今天大概是在湖北蕲春一带。故"芹"最早作"蕲"，后来为书写方便才简化了字体。而这云蒸梦萦的水色也几乎贯穿了与水芹有关的整篇历史，由《诗经》始，即有"觱沸槛泉，言采其芹"或"思乐泮水，薄采其芹"，优美之外更衍生出各种叫人向往的含义。清澈的水，青翠的芹，用以比喻君子来朝的从容仪仗；当它生长在泮水——官办学校门口的水池中，"芹宫"就成了学校的代称，"采芹"遂指代学子们考试通过，获得入学资格。甚至还有这样的故事——一名穷人认为水芹乃自己吃过最好的东西之一，于是十分欢喜地拿去献给土豪，没想到土豪吃得异常痛苦，他自己也因此被众人嘲笑。这总该是个十足的反面教材了吧？可是流传到后来，"献芹""效芹"却成为很有诚意的自谦之词："虽然像芹菜一样菲薄，你也未必喜欢，但这真的是我觉得最好的东西，所以要真诚地献给您啊。"

水芹叶

旱芹叶

　　事实上纵不论内涵，水芹也叫很多人喜欢。我不是太确定如今讨厌它的人是否与旱芹一样多，但至少在过去很长一段时间里，"芹"本身就是美味的代言。如魏徵，野史里把他描述成一个无懈可击、不近酒色的牛脾气，却说这个牛脾气唯独对醋渍水芹爱得深沉；又如杜甫，虽不像苏轼那样天生是个吃货，却也留下了"香芹碧涧羹"这样的经典菜肴，叫后来一众文人食客纷纷效仿；既提到苏轼，水芹在他手下也有过绝佳的造化——以雪底芹芽，炒鲜嫩斑鸠肉，遂成就今日的名菜"东坡春鸠脍"……也不说那么远，至少我眼目所见，水芹所带来的欢喜似乎就总是比旱芹更为多而鲜活，甚至少有其他的蔬菜可与匹敌。印象深刻是某位来自北方的朋友，向我大发牢骚"你们南方人吃什么都甜得要命"之余，却唯独对一道酱醋拌水芹菜赞不绝口，念念不忘。而这也恰是我自己最喜欢的——洗干净翠绿的水芹菜，拿把小剪子给它剪成一段一段的；沸水一抄，捞出来拌上麻油、生抽、醋，个中鲜美清香，真叫人耳目为之一新。

　　直到今天，被长江滋润的疆土之上仍能找到原始野生水芹的身影。随着春水一点点上涨而抽发出来的脆嫩清秀，枝叶间荡漾着精致的轮廓和浅浅的新绿青白颜色……无论凝视多久、无论如何贱卖，总能叫我感到一股灵气。虽已絮絮说了许多古往今来的典故，我却实在忍不住要再分享几个关于它的好句子：如乐府中的"溪涧可采芹，芹叶何菁菁"，或明朝的"春水渐宽，青青者芹。君且留此，谈余素琴"——有春的鲜活，水的清澈，芹的碧青细嫩，乃至情意的默默……一切是多么好。纵使天寒地冻，那真正的春意还没有来，能有一道水芹吃，于我已是提前进入春天的模式了。

在家自己种"西芹！

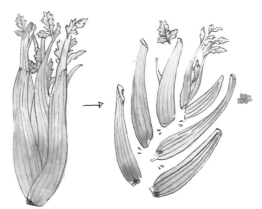

西芹
肥厚清脆
的叶柄，
气味也比较
清淡。

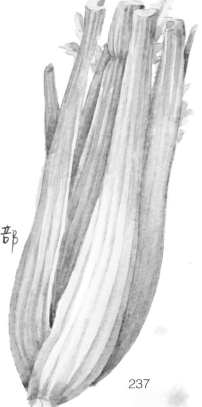

1. 新鲜西芹，将外层茎叶剥去，
   只留下嫩黄的芯部。

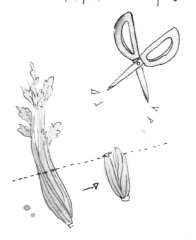

2. 切除距离根部约5厘米
   以上的部分。

3. 放入玻璃杯，
   加入恰好淹没根部
   的清水。
   放在阳光充足处
   待其自由生长。

237

大寒

初候鸡始乳
二候征鸟厉疾
三候水泽腹坚

冬日将尽
芝麻可进补
暖姜最宜人
冬食待春

238

大寒，十二月中。解见前。

○ 大寒赋
晋·傅玄

天地凛冽，庶极气否。严霜夜结，悲风昼起。
飞雪山积，萧条万里。百川咽而不流兮，冰冻合于四海。
扶木憔悴于旸谷，若华零落于濛汜。

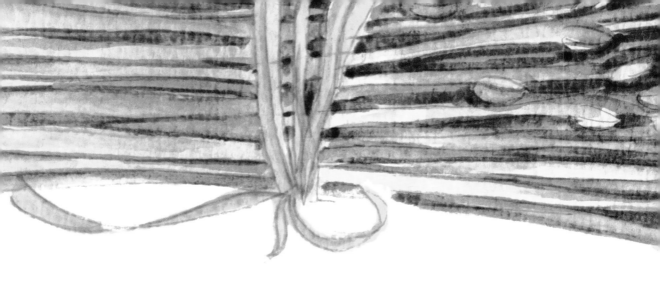

芝麻小事

张骞出使西域，丝绸之路一打通，真是带回来不少东西。如西瓜、石榴、葡萄、胡萝卜、芝麻，这些如今看来极本土极寻常的瓜果蔬菜，彼时都属新奇的外来物种。芝麻另有一个名字叫"胡麻"——和胡萝卜一样，来自胡羌之地；它今天也被驯化得温良，大家就这么理所当然地种着，吃着，谁都不会再把它身上的西域血统当作一回事。

我听说大寒的时候，要买芝麻秆。存着晒干了，等除夕那天铺在走路的地方，任凭人踩碎，取其"芝麻开花节节高"之意。但不管是身边来自四面八方的友人，还是我自己所去过的大江南北各地，现实中似乎都不曾涉及这样的习俗。只存留于纸书间的描述让人感觉非常遥远。我只知道到了年关要做芝麻糖：麦芽糖或白糖熬成浓稠浆状，与炒熟的芝麻相拌，压得厚厚实实，冷下来切成一片一片，即成为岁时交替中一道必不可少的零食。也不知别人家如何，反正我的外公外婆一度是每年都做的——天寒料峭，一片漆

黑，他们却四五点就起床，把过年要吃的东西一样样做下来：蛋饺、肉丸、八宝饭、芝麻糖……我有时醒来，自卧室看过去，厨房门缝透出一丝清晰明亮，如动画片里的"绝对领域"，近在咫尺，却又是遥远的。

过年时的餐桌总太过丰盛。坚硬又黏牙的芝麻糖并非我宠幸的对象。后来长久离家在外，再回去时，外公已沉疴缠身，外婆亦垂垂老矣，他们都不再做这些。又过几年，二老先后入土为安，再没见过有人做芝麻糖。和所有心揣一份多愁善感的游子一样，平日里虽不至于怀念，但这样的东西，只要见着，仍忍不住会略停一停脚步，勾起脑海里一些遥远的乡恋。

话说回来，芝麻好像很适合用来怀念家中的旧时光。同理还有张爱玲那老棉鞋"粉红绒里子上晒着的阳光"，似乎是种很没来由，但又很理所当然的联想——如芝麻糊的广告，总营造出旧日子里温情脉脉的画面。又如汤圆、糯米水粉，雪白滋润，里面堆着乌黑细腻的芝麻馅，一只只在沸滚的水中沉浮跳动着，也是让人思乡心切的食物——正月十五元宵节，本

过年时候要吃的芝麻糖!

1. 如果是生芝麻,需要先下锅炒熟,
   火不能开太大;冒出香味就算好了。

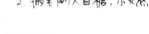

2. 锅里倒入白糖,小火熬成糖浆。

3. 关火,把炒熟的芝麻倒进去,
   均匀地搅拌。

4. 趁糖浆还没有凝固,
   迅速将之倒入涂过油的模具里,
   拍平,压实,冷却后即可切片。

Tips
① 芝麻本身就含有很多油,
   所以炒制时不需要加油。

② 芝麻与糖浆的比例一般在1.5:1,
   用白砂糖或麦芽糖都可以。

③ 熬好的糖浆黏稠透明,
   温度也很高,所以尽量不要用塑料模具。

④ 没有模具的话,也可以放凉之后在
   砧板上压平,进行切割。

242

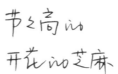

就是团圆的日子。

麻酱、麻油，也永远是小作坊手工做的叫人觉得好。精细、纯实，三分烟火气，七分人情味，绝非香料勾兑。不要和我提卫生标准——那是另外一回事。你得承认，从感情上来讲，他们是叫人回味悠长的。

古人把芝麻和长寿联系在一起，不知是否也出于类似的情怀。东晋时代道教盛行，葛洪的《神仙传》里就曾记载一位高人，一辈子只吃芝麻，八十岁后还能面若桃花健步如飞。又说拿芝麻喂狗，狗亦生得高大威猛，也不知有没有后人实践过。古时候这样的故事相当多，不信也罢，但直到如今，还是有很多长辈愿意劝导：多吃些芝麻，对头发、牙齿、皮肤、大脑都有好处。满怀的爱心与期待，叫人想要拒绝也很难。但其实芝麻籽粒中大约有一半是油脂成分，所谓补气养血、润泽发肤，都源自油脂和维生素 E 的功能，恐怕并不能算是什么灵丹妙药。至于稀缺资源如芝麻素、芝麻酚之类，一粒芝麻里约莫只有 1% 的含量，吃下去是否足够有效，也很难说。值得一提的是芝麻叶——《广群芳谱》里称"青蘘"，又称"梦神"，名字都很诗意。据说味道滑美如葵，清炒凉拌都是好的。且抛开养生功能的不谈，用以增添情味的，芝麻与芝麻叶俱是足够好的选择了。

暖姜

作为一个从小就很无趣的人，我在饮食之事上向来没有太多追求。虽常常被评价为"看上去就很挑食的人"，实际上却是"很好养活"的类型：大部分不受待见的食材，如肥肉、葱蒜、腌渍食品、内脏，皆来者不拒，至于口感轻重，大部分时候也并不在意。然而有两样东西，倘若落到碗里，一定要一丝不苟挑出来扔掉：一是香菜，二便是生姜。哪怕难得有粗心大意的时候，它们变成漏网之鱼落入嘴里，再怎么故作坚强地咀嚼几下，往往也还是忍不住吐出来。人生啊，果然都会有几个碰不得的死穴，绕不过去的坎。

为什么不喜欢生姜？我曾非常严肃地思考这个问题，却并没有得到什么好的答案。唯一可以肯定的是家里祖孙三代，人虽然不多，但没有一位是喜欢生姜的。不知这算不算是遗传的一种。然而也有西方谚语说"You are what you eat"，你爱吃的，不爱吃的，其实样样都反映着你的性格与人生。这话听上去也像有些道理：如生姜这般，辣，却又熨帖到五脏六腑深处的暖，确实是在我身上一直阙如，也一直无所适从的。

大约生姜就是这么个存在。绵里藏针，循序渐进，纵使我不爱它的味道，也必须认可它那温和的"辣"意，比葱蒜辣椒之流要叫人好接受得多——葱惹眼泪，蒜烧心，辣椒更是路经之处皆祸害，从你的手和口一路辣到消化道下游。惟有生姜是个好脾气的，你不吃，它绝不从嗅觉和触觉上祸害你，纵吃了，体内也不会留下什么古怪味道。单凭这一点，从前的佛家道家就足以对它网开一面，并不纳入需要忌口的食材名单中；而古往今来的圣贤之人，也都很乐意为生姜说几句好话。上至孔子的"不撤姜食"，下至朱熹的批注"姜能通神明，去秽恶，故不撤"，还有民间那么多以姜为主角的食疗方子……俨然已超越一味食材的境界，逐渐升华为某种正义力量的代言。小时候淋雨感冒，老人家表达关心的重要手段之一就是端上一碗滚烫的红糖姜汤——在他们那一辈的印象里，生姜御风寒、祛邪气，几乎是无往不利，不容丝毫怀疑。

然而姜并不只有老学究的一面。繁体字时代，"姜"原是用以形容如羊一般温顺美丽的女子。作为生姜的名字，写出来也并非"姜"，而是"薑"——生于田间，根状茎横走，草本植物，有关它的种种信息都被浓缩在这一个字里了。后来提倡简体字，"薑"被彻底抹除，才统一以"姜"代替。

只是为了写起来方便吗？也许吧。虽常有研究汉字的人会跳出来诟病，说不如从前的形象生动，但想想生姜自己，小心念叨、暖意备至，说是个温顺美丽、外柔内方的女子，倒也不算枉担虚名。你可知新生的嫩姜芽也常被用来比喻姑娘们的纤纤玉指？"新芽肌理细，映日莹如空。恰似匀妆指，柔尖带浅红"——味道也不是陈姜那老谋深算的辣，

姜的地上部分。
"叶似箭竹叶而长，两2相对。"
叶子也有辛香的气味。

生姜花
注意！它和"姜花"是两个东西！

菊芋
Helianthus tuberosus
也叫"洋姜"或"鬼子姜"。
虽然和生姜没有亲缘关系，
（它是菊科的）
但味道会有点像。

246

而是细腻鲜嫩的风流。我自己虽不吃，却也见过嗜姜的人，腌了一坛子的仔姜，饭粥面点，无此君不欢。突又觉得它们可爱了。

古往今来，姜的食谱之多，很叫人眼花缭乱。糖卤、醋渍、蜜浸、酱拌，俱成别有风味的零食小点，又有擦成泥，过滤，晾干，称姜霜；去皮切碎，晒干贮藏，称姜米。收藏经年，都是为了保证能长期享用姜的好滋味。相比之下，往菜肴里随便一扔真可谓是简单粗暴，但即使厌弃生姜如我，也不得不承认这是寻常生活中必须具备的一点调味。天下事总这般有趣：有的明明诸多不好，却叫人喜欢得紧；有的叫人实在喜欢不起来，却也摆不脱离不开它的好。"You are what you eat"，虽说这番好意目前仍难以下咽，但说不定哪一天茅塞顿开，我也会就此成为生姜的忠实追随者呢。

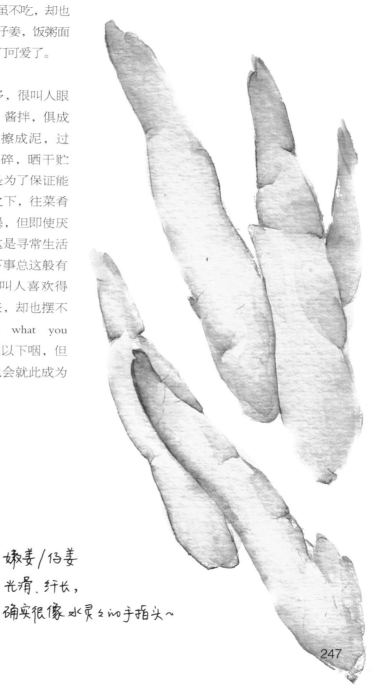

嫩姜/仔姜
光滑、纤长，
确实很像水灵灵的手指头~

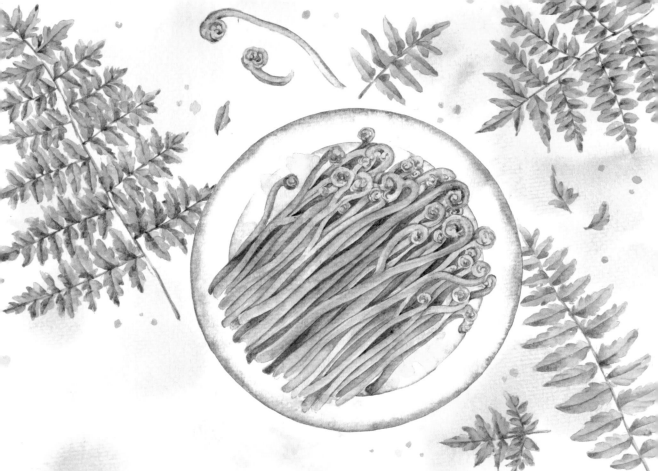

图书在版编目（CIP）数据

节气手帖：蔓玫的蔬果志 / 蔓玫著.
—武汉：湖北科学技术出版社，2016.7
ISBN 978-7-5352-9355-8

Ⅰ.①节…　Ⅱ.①蔓…　Ⅲ.①蔬菜 – 食谱
②水果 – 食谱　Ⅳ.① TS972.123

中国版本图书馆 CIP 数据核字（2017）第 096973 号

责任编辑 / 唐　洁　李　佳
封面设计 / 戴　旻
出版发行 / 湖北科学技术出版社
地　　址 / 武汉市雄楚大街 268 号
　　　　　湖北出版文化城 B 座 13–14 层
邮　　编 / 430070
电　　话 / 027-87679468
网　　址 / http://www. hbstp. com. cn
印　　刷 / 武汉市金港彩印有限公司
邮　　编 / 430023
开　　本 / 787×700　1/12　21 印张
版　　次 / 2017 年 07 月第 1 版
　　　　　2017 年 07 月第 1 次印刷
字　　数 / 150 千字
定　　价 / 68.00 元

绿手指微博　　　　绿手指微信　　　微信扫一扫，更多精彩

ISBN 978-7-5352-9355-8

9 787535 293558 >

定价：68.00 元

SEASON

NOTEBOOK WITH FLOWERS

節 氣 手 賬

| 蔓 玫 作 品 |

NAME

....

DATE

....

立春

赏春梅等习俗

食春卷或春饼

有祭祀春神

为一年之首

古时立春即春节

三候鱼陟负冰

二候蛰虫始振

初候东风解冻

赠范晔

南朝（宋）·陆凯

折花逢驿使，寄与陇头人。江南无所有，聊赠一枝春。

雨水

二月十九日或二十日

初候獭祭鱼
二候鸿雁来
三候草木萌动

冰雪散化为水
降雨增多　气温回升
木笔书空
菜花始盛

春雨湿窗纱，辛夷弄影斜。曾窥江梦彩，笔笔忽生花。

櫻花红颜如梦

桃花夭夭　堇花寂寂

春风暖意渐浓

蛰虫惊出　万物舒展

三候鹰化为鸠

二候仓庚鸣

初候桃始华

惊蛰

三月五日或六日

树头树底觅残红，一片西飞一片东。自是桃花贪结子，错教人恨五更风。

春分

三月十九日或二十日

初候玄鸟至

二候雷乃发生

三候始电

昼夜平分 姹紫嫣红开遍

海棠春睡 琼花聚八仙

梨花溶溶月色

垂丝海棠
宋·范成大

春工叶叶与丝丝，怕日嫌风不自持。晓镜为谁妆未办，沁痕犹有泪胭脂。

杜鹃归 泡桐解 柳枝剪春风

天地澄明 翠色欲流

三候虹始见

二候田鼠化为鴽

初候桐始华

四月四日或五日

清明

青门柳
唐·白居易

青青一树伤心色，曾入几人离恨中。为近都门多送别，长条折尽减春风。

谷雨

四月二十日或廿一日

初候萍始生

二候鸣鸠拂其羽

三候戴胜降于桑

草长莺飞 春到最深处

藤花垂 苦楝芬芳

含笑开口 牡丹姗姗来迟

十六字令·藤花

清·陈尔茀

阴，绿叶垂垂紫蕊深。藤子缕，风雨作龙吟。

立夏

芍药余容　虞美人起舞

芭蕉澄碧　樱桃红熟

草木郁郁葱葱

暖风熏然欲醉

三候王瓜生

二候蚯蚓出

初候蝼蝈鸣

家家有芍药，不妨至温柔。 温柔一同女，红笑笑不休。

小满

五月二十日或廿一日

榴花照眼明红
鸢尾临水
万物少得盈满
天气愈见暖热
三候麦秋至
二候靡草死
初候苦菜秀

胡蝶。胡蝶。紫艳翠茎绿叶。翩翩对舞风轻。团扇扑来梦惊。惊梦。惊梦。一样粉柔香重。

芒种

初候螳螂生

二候鵙始鸣

三候反舌无声

绿叶成荫

古时相传钱送花神退位

栀子有香

合欢舒忿 萱草忘忧

清净法身如雪莹，夜来林下现孤芳。对花六月无炎暑，省却铜匜儿炷香。

木槿欣欣向荣

绣球丰盈

白昼最长　阳气最盛

三候半夏生

二候蜩始鸣

初候鹿角解

夏至

咏绣球花

日·佐久间象山

昨日今日明日，绣球花像世人的心，日日变迁。

小暑

七月七日或八日

初候温风至
二候蟋蟀居壁
三候反舌无声

天气炎热
可以香花清供
姜花清冽
茉莉小家碧玉

茉莉花

明·陈淳

茉莉开时香满枝，钿花狼藉玉参差。茗杯初歇香烟烬，此味黄昏我独知。

大暑

七月廿二日或廿三日

曼陀罗白团华

夕颜待夜

菡萏为莲

古代以此前后为荷花生日

三候大雨时行

二候土润溽暑

初候腐草为萤

池面风来波潋潋，波间露下叶田田。谁于水面张青盖，罩却红妆唱采莲。

立秋

八月八日或九日

初候凉风至

二候白露降

三候寒蝉鸣

风中凉意渐起

梧桐落叶报秋

玉簪搔头

凤仙环户

素娥昔日宴仙家，醉里从他宝髻斜。遗下玉簪无觅处，如今化作一枝花。

处暑

八月廿二或廿三日

石竹绣衣　昙花一现

紫薇升　凌霄旺

多逢七夕中元

三候禾始登

二候天地始肃

初候鹰乃祭鸟

优昙花诗

民国·饶宗颐

异域有奇卉，托兹园池旁。夜来孤月明，吐蕊白如霜。
香气生寒水，素影含虚光。如何一夕凋，殂谢亦可伤。

白露

九月七日至九日

初候鸿雁来

二候玄鸟归

三候群鸟养羞

地面露水浮现

夜来清凉

秋海棠娇　蒹葭茫茫

蒹葭苍苍，白露为霜。所谓伊人，在水一方。溯洄从之，道阻且长。溯游从之，宛在水中央。

秋分

初候雷始收声
二候蛰虫坯户
三候水始涸

昼夜平分　秋高气爽
彼岸花开　丹桂飘香

木犀（桂花）

宋·朱淑真

弹压西风擅众芳，十分秋色为伊忙。一支淡贮书窗下，人与花心各自香。

菊迎西风　蓼花正红

适逢重阳节

露气寒冷　行将凝结

三候菊始黄华

二候雀入大水为蛤

初候鸿雁来宾

十月八日或九日

寒露

秋丛绕舍似陶家，遍绕篱边日渐斜。不是花中偏爱菊，此花开尽更无花。

霜降

初候豺乃祭兽

二候草木黄落

三候气肃而凝

气肃而凝　露结为霜

霜叶红于二月花

唯有芙蓉独自芳

秋 月

宋·程颢

清溪流过碧山头，空水澄鲜一色秋。隔断红尘三十里，白云红叶两悠悠。

立冬

十一月七日或八日

初候凉风至

二候白露降

三候寒蝉鸣

气温下降　花藏不见

三秋接近尾声

忍冬沐浴　银杏流金

瑞鹧鸪·双银杏

宋·李清照

风韵雍容未甚都，尊前甘橘可为奴。谁怜流落江湖上，玉骨冰肌未肯枯。

谁教并蒂连枝摘，醉后明皇倚太真。居士擘开真有意，要吟风味两家新。

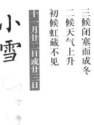

小雪

十一月廿二日或廿三日

初候虹藏不见
二候天气上升
三候闭塞而成冬

天地寒意起
万物萧索凋敝
茶梅茗花发
女贞凌冬

白山茶

明·沈周

犀甲凌寒碧叶重，玉杯擎处露华浓。何当借寿长春酒，只恐茶仙未肯容。

松柏苍苍　绿竹猗猗

江南入冬　四野苍茫

三候荔挺出

二候虎始交

初候鹖旦不鸣

十二月七日或八日

大雪

一顷含秋绿，森风十万竿。气吹朱夏转，声扫碧霄寒。

冬至

初候蚯蚓结

二候麋角解

三候水泉动

昼极短而夜极长

数九寒冬降临

染蜡梅消寒

迎仙客来

蜡梅

宋·张孝祥

满面宫妆淡淡黄，绛纱封蜡贮幽香。遥怜未识春消息，乞与一枝教断肠。

小寒

一月五日或六日

水仙凌波　君子兰绽

适逢腊八

天寒地冻　花信风始

三候雉始雊

二候鹊始巢

初候鸿雁北乡

吴山青·水仙

宋·赵潜

金璞明，玉璞明，小小杯样翠袖擎。满将春色盛。

仙佩鸣，玉佩鸣，雪月花中过洞庭。此时人独清。

幽兰自芳　瑞香扬其香

春花育来年蓓蕾

冬日将尽

三候水泽腹坚

二候征鸟厉疾

初候鸡始乳

一月十九日至廿一日

大寒

真是花中瑞，本朝名始闻。江南一梦后，天下仰清芬。